仙鹤

——鹤文化杂谈集

王秀杰◎著

辽海出版社

图书在版编目（CIP）数据

仙鹤——鹤文化杂谈集 / 王秀杰著 . —沈阳：辽海出版社，
2008.10（2017.6 重印）
ISBN 978-7-80711-997-5

Ⅰ . 仙…　Ⅱ . 王…　Ⅲ . 鹤形目—文化—文集
Ⅳ .Q959.7-53

中国版本图书馆 CIP 数据核字（2008）第 162669 号

仙鹤——鹤文化杂谈集

责任编辑	丁　凡	
责任校对	王永清	
开　本	690mm×960mm　1/16	
字　数	290 千字	
印　张	20	
版　次	2017 年 6 月第 2 版	
印　次	2017 年 6 月第 1 次印刷	
出　版	辽海出版社	
印　刷	北京兴湘印务有限公司	

ISBN 978-7-80711-997-5　　　　　　定价：49.80 元

目　录

目 录

自　序

博大精深鹤文化

　　人们都知道中国是崇拜龙的国度，殊不知，中国先是一个崇拜鸟的国度。在中国数以百万计的广阔天地里，亘古以来就是一个鸟的世界。生活在其间的中国先民，与鸟为伴，结下了难解难分的深厚情谊，萌发了对鸟的无限崇拜和敬仰，形成了神奇的鸟信仰文化，即鸟图腾崇拜。这是我们远古祖先，在努力挣脱自然界的束缚、实现自身价值的抗争中，不能完全摆脱其影响又不甘于受其羁绊，所采取的依附于其中一物的心态实录和形象写照。鸟崇拜的历史十分久远，最有说服力的鸟信仰的文化印记，恐怕是距今7000余年的浙江河姆渡文化遗址了，它是国内目前鸟文化最早、最丰富的文物证明。其中有"双鸟朝阳"象牙雕刻，太阳鸟纹蝶形器等多种鸟形物品。

　　鹤的崇拜应该是与这种鸟崇拜同源的。当然，原先对鹤的崇拜是将其作为一般性动物，以其淡雅天然的健美和善鸣、善舞、迁飞等特征赢得人们的喜爱的。这种崇拜从何时开始，已经无从查考，鹤文化的萌芽应在3000年前。中国最早的诗歌总集《诗经》中有以《鹤鸣》为题的诗篇，有"鹤鸣于九皋，声闻于天"的诗句。《毛诗》曰："鹤鸣，诲宣王也。"诗句用鹤的在野栖境和能舞善鸣比喻身隐而名著的贤人，教诲最高统治者任用他们。由此可知，鹤的艺术形象第一次在古文献中出现时，就被赋予高尚的品质而人格化了。从现存的文物中也可以看到鹤的崇拜是比较早的。如，在距今3000多年前的商朝故都殷墟王妃"妇好墓"的发掘中，发现有玉制的鹤的葬品，可算作鹤的早期雕塑。现藏于故宫博物院的文物珍品——莲鹤方壶，是春秋早期青铜器时代转变期的代表作，是我国现存以鹤为造型的最早的青铜工艺品。那鹤立于圣洁高雅的莲花之中——后来观世音菩萨的位置。它标志着鹤的形象，已经登上了本原文化的殿堂。说明鹤在设计者眼中的位置极高。其后，又有战国早期的青铜器鹿角立鹤（湖南省博物馆藏）及战国帛画《人物御龙》。作为艺术，上述先秦时期的作品，主要取材于自然界，尽管古代艺术家的思维，已经从现实的土壤上升华，赋予作品以强烈的浪漫主义气息，表现出人类自我意识的觉醒，但是，它显示出的是初级阶段的古朴，未能完全脱离作为自然物鹤的范畴。因为最初的信仰意识是与人们的物质生产和现实生活结合在一起而诞生的，不是凭空而来的。《左传》中出现的卫懿公好鹤的记载即是佐证。

汉以后，鹤文化产生了第一次飞跃，即由自然物转向神化物。并且与一些神仙传记、古老传说相得益彰。汉刘向的《列仙传》记载有王子乔跨鹤成仙的传说。说的是周灵王太子晋，即王子乔，好吹笙，随道士入山学道成仙。三十余年后，骑鹤在缑氏山头与家人见面。对这一典故的引用最早出现在汉《古诗十九首》里，在《生年不满百》诗中有"仙人王子乔，难可与等期"句。长沙马王堆出土的"T"字形西汉帛画，在女娲的上方，有五只鹤昂首而鸣，这说明鹤在那时已经开始成为天国仙禽。随着东汉末年道教的产生，出现了许多鹤的神话传说，鹤日趋被神化，先为神仙所乘骑，后竟直接成为神仙的化身。这时的鹤文化已上升为了仙鸟信仰文化，即对某些鸟类神仙化的说道和崇敬，享受此殊荣的只有青鸟和白鹤。而我国土生土长的宗教——道教，又几乎全部承袭了神仙之说，故与仙家结缘的鹤与道教自然也结下了极为密切的关系。鹤为张天师——张道陵（五斗米道教的创始人）坐骑之事，已不再是传说，而明文载入道书《云笈七签》之中。鹤逐步成了道士的化身，神仙的使者，连道观也常以鹤为名。如张道陵创教之所鹤鸣山就有鹤鸣观、待鹤轩、听鹤亭、招鹤亭等多处古迹留存。到了两晋，又相继出现了一些传说：在晋陶潜（陶渊明）的《搜神后记》出现了辽东鹤丁令威的传说；在《晋书》中出现了"风声鹤唳"的记载。唐宋时期，最高统治者出于政治的需要，尊尚道教，大修道藏，鹤因而备受尊宠。另外，由于受到魏晋南北朝以来儒释道三家思想交融的影响，儒家的"仁"与释家的"慈悲"、道家的"劝善"三者互为消长。又因为人们所处的时代和遭遇不同，而产生多种多样的思想情感，促使在朝在野人士纷纷借鹤抒怀，或以赋，或以诗，或以文，或以画。鹤的信仰文化，在汉唐宋时期达到了高潮，特别是一些隐人逸士与鹤结缘，对鹤迷恋，借此以高尚自喻，更为后人留下了千古美谈。鹤题材由此广泛地进入诗文和绘画之中，作为仙禽的传统观念，得以继承和发展。鹤的形象美，也日趋多元化。在这些文字记载中，仙人化鹤，鹤也可化为仙人，仙人与鹤是互为一体的。《集异记》中有青城道士徐佐卿化鹤的传说，《神仙传》有鹤化一群美少年的记载，《异苑》中有鹤化美貌女子的传说。曹植《失题》诗句"双鹤俱遨游，相失东海傍"，是有感于鹤的生离死别而不能自己的饮泣；白居易《池鹤》诗句"临风一唳思何事？怅望青田云水遥"，表达的是一种失意落寞之情。我国文人的隐逸思想，把崇鹤的习俗推向虚幻的境界，而宋人林逋的"梅妻鹤子"作为，则把文人隐士的崇鹤行为推向了极致。沈括《梦溪笔谈》记载，林逋隐居孤山，终身未娶，以梅为妻，以鹤为子。崇鹤完全进入了忘我的神化境地，这在世界鸟文化中也是十分罕见的。

鹤被神仙化，是中国人谋求长生不死的结果。鹤之所以被选中，不仅在于它美丽善飞，疏放、飘逸，具有仙人、羽客的基本特征，还在于人们对于它的长寿的看法。鹤的神仙化，

飞鹤图纹　五代

进一步增强了对鹤的崇信。鹤的信仰文化，在上层社会人士中流行之后，在民间也主要以其祥瑞、长寿的寓意被广泛传播开来。古人视鹤为祥，鹤的出现被称为"鹤瑞"如《抱朴子》云："千岁之鹤，随时而鸣，能登木。"如此长寿之物，被奉为寿仙是当之无愧的啦！民间流传的松鹤图，即是以鹤的长寿信仰为原型意象的，尽管鹤并不生活在松树上，但从长寿的意义上说，松与鹤就有了难解之缘。

基于此，鹤文化开始了第二次飞跃，即由神化而进入艺术化的新阶段，鹤走下神坛，与人类相接近。人们崇拜鹤的祥瑞，以鹤意为神，以鹤羽为美，以将其作为装饰为贵。但这却造成了对鹤的猎杀。由于古人很早就以鹤为仙鸟，不妄加伤害，所以在古代鹤是相当多见的。汉武帝在郊祀时看见大群的鹤，却不加网罗，宁可在祭礼时"靡所获献"。一直到两晋南北朝时，大江南北鹤仍然很多。西晋大将羊祜镇荆州时，江陵泽中多有鹤，江陵郡因而有鹤泽之称。西晋文学家陆机的老家在今上海松江。他被谗受害，临刑前曾感叹道："欲闻华亭鹤唳，可复得乎？"可见，今上海一带，鹤是不难见的。但是，魏晋以后，人们对鹤的敬仰发生了变形，从爱怜变为杀戮，如同原始社会用宰杀图腾物来装扮自己，从中获得图腾的神力一样，想从鹤的羽毛中得到神奇的能力。《晋书》记载王恭曾夜披鹤氅，涉雪而行。鹤氅就是用鹤羽制成的裘衣。隋炀帝出游时，以羽毛装饰仪仗队，"填街溢路，亘二十八里"。这需要州县上交羽毛，包括鹤在内的鸟类就遭了殃。至明清两代，加上人口骤增，生产活动范围日益扩大，鹤的栖境随之缩小，鹤已经成为难得的禽鸟。而鹤的地位却愈加高贵，实现了鹤文化

行鹤（画像石）汉

地位的又一次腾升，即"贵族化"了。明清大修宫院，鹤不仅被豢养在皇家宫苑之中，其造型艺术，如铜鹤，成为紫禁城帝王殿堂上的神物。仙鹤形象，成为皇家园林亭阁（如北京景山万春亭等）中的吉祥物。明清更将一品文官补服的徽识确定为仙鹤。这使得鹤的地位仅次于帝后衣袍中龙凤形象的崇拜程度。鹤的造型艺术作品，都表现出一种尊贵、荣华的气魄。这不仅符合统治者的审美观，也与两个朝代的最高统治者力图建立强化的中央集权的政治思想有关。

与龙的形象不同，鹤的形象不仅在朝廷至尊至贵，在民间，鹤也是深受喜爱的吉祥物。随着吉祥观念的形成，鹤的影响也愈加深远。不过，民间对于鹤的艺术形象，则出现了一些与朝廷不同的理解和对峙的流派，表现出不谐流俗的文化内涵，具有较高的思想艺术价值。鹤在民间被推崇为主要的祥禽瑞兽，往往被用来呼唤吉祥、美满，长寿、祥瑞，清闲、超逸，乃至得道成仙。在长寿观念中，鹤尤其占有重要位置。因此，鹤的形象在民间工艺中应用得非常广泛，诸如在剪纸、刺绣、雕刻、对联中，鹤都是首选之题材，且被刻画得栩栩如生。

鹤文化的形成与古人的相鹤及驯养技术有关。古人与鹤的接触驯养较早，相鹤技术也在实践中逐步生成。如卫懿公让鹤乘轩的典故；早在战国末期秦汉之际就已有了《浮丘公相鹤经》的传说，南北朝时期的文人鲍照在他的《舞鹤赋》中提到的"幽经"指的就是《浮丘公相鹤经》；南北朝任昉的《述异记》和宋王安石修编的《浮丘公相鹤经》都是记载相鹤经验的书，可见隋唐之际确有《相鹤经》流传；明王象晋《群芳谱·淮南八公相鹤经》和清陈淏子的《花镜·鹤》理论都是直承上述之说法。虽然历代相鹤术从内容上说多为神秘化了的阴阳五行之说，但也不乏一些科学的论述。如对于鹤的上相"瘦头朱顶"、"毛羽莹洁"的说法都是甚得要领的。这些出现得较早的相鹤术理论及其传说，在指导人们如何欣赏、驯养鹤的同时，客观上也对提升鹤的文化地位，促进鹤文化的成型，扩大鹤文化的影响起到了重要作用；进而，又通过鹤文化对汉赋、唐诗、宋词、元曲这些大的艺术形式的浸润，更大范围地带动和影响了上自高官墨客，下至民间百姓对鹤的认同。

鹤文化不仅源远流长，而且博大精深。从古到今，从上至下，鹤文化无所不在，无所不包，鹤文化当之无愧地成为了中华民族传统文化的重要内容。鹤是形象性、社会性、思想性三者之美的统一和谐体，极易于诱发文学艺术家们的创作灵感。文人雅士多在文学艺术中抒发对鹤的喜爱之情。诗歌、散文、小说以及绘画、雕塑等文艺形式，都是通过形象塑造，来表现现实生活，寄托作者的思想情感的。作者又往往受被道教奉为理论基础的老庄哲学思想的影响，在审美观上，崇尚自然、崇尚素朴淡雅。这使得文人墨客们对鹤偏爱有加。这些主客观条件，促成了古往今来许多关于鹤的诗词、歌赋、小说、绘画、雕刻等文艺作品的产生。如肇始于宋、成熟于元明的文人画的出现，成就了一大批既能作诗文，也会绘画，又兼能书法的诗书画大家，创作出了许多精美篇章。

在神话宗教中，鹤出现得比较早。《淮南子》（公元前2世纪）、《抱朴子》都有"鹤寿千岁"的记载，鹤的最长寿命被神化为"千六百年"（1600年）。因此，引出了许许多多鹤与仙人及仙人与鹤的故事、传说。在文学中，尤其是到了诗词鼎盛的唐宋时期，鹤一方面以典故的形式进入诗词，一方面在诗词中作为生物被直接描写。对于鹤从神、从物的两方面表现，体现了人们对于鹤的认识的发展过程。典故中的鹤多为神仙的乘骑，或直接化为神仙。比较著名的，如"骑鹤的王子乔"、"化鹤的丁令威"。王子乔是最早与鹤有关的仙人，在《楚辞·远游》中始见"吾将从王乔而娱戏"和"见王子而宿之兮"的诗句。这个典故在后代的诗文中被竞相沿用。丁令威化鹤，从晋代出现在陶渊明的《搜神后记》中后，知名度很高。成了后人诗文中常借喻以咏鹤的鹤仙。对现实中出现的叙述鹤的典故，首先出现在《诗经》中，"鹤鸣九皋，声闻于天"诗句影响深远。《左传·闽公二年》所载"卫懿公好鹤，鹤有乘轩者"也是比较早的描写鹤的典故，之后，有陆机"华亭鹤唳"典故出现。

在文学的各种样式中，关于鹤的吟咏、描写是无以计数的，甚至在唐宋一些大家的创作中，也占有非常重要的位置。如，曹植的《白鹤赋》，鲍照的《舞鹤赋》，苏轼的《鹤叹》《放鹤亭记》，李白、白居易、刘禹锡、杜牧等的咏鹤诗词篇目都可以十计数。而爱鹤咏鹤达到极致的宋人林逋，不仅以"梅妻鹤子"故事名，还写下了"疏影横斜水清浅，暗香浮动月黄昏"的著名咏梅诗句，与他的逸事一起传为千古美谈。

鹤文学作品内容丰富，大致可以分为五个方面：一是感怀身世，如怀才不遇的曹植、鲍照等，于咏鹤的离散和被羁中，寄离愁别绪和人生坎坷之哀伤；二是愤世嫉俗，如陆龟蒙、徐渭、赵之谦、蒲松龄等，感叹世道衰微，寓鹤而成愤世嫉俗之篇；三是感叹国家的兴亡，如元好问感故国之亡，借鹤作怀金之叹；四是歌功颂德，如路乔如等的歌颂清平盛世之作；五是寄托高洁、奋发和闲逸之怀，如白居易、褚载、苏轼等表现高洁、奋发和追求身心内外平衡的风流旷达之篇章。但是，在感叹世事沧桑，发思古之幽情等种种遣怀中，有一个主体的东西没有变，那就是主张出世的中国文人历来追求的"人生至道"——即苏轼《放鹤亭记》中所抒发的"高翔而下览兮，择所适"。做勇于面对现实的强者，永远是鹤文学的主脉络。

在也属于文学范畴，但文人和民间共同喜爱的对联形式中，鹤被广泛使用。而在祝寿联中更是频频出现，这里出现的鹤多是寿命千年的鹤仙形象，如"鹤寿"、"鹤龄"词汇频频出现。鹤在联中的地位也很高，往往是与虚拟的神话物体相匹配，如"海是龙世界，云是鹤家乡"联。由于典源丰富，在鹤题材的对联中，用典率比较高。

　　在艺术创作中，尤其是中国传统绘画中，鹤题材更是不可或缺。中国绘画起源发展两千多年，从春秋早期的青铜器"莲鹤方壶"塑造起鹤的艺术形象开始，相继，鹤在战国帛画《人物御龙》中出现，在汉墓漆棺连环绘画《羊骑鹤》中出现，直到唐宋时期趋于成熟。如著名的周昉《簪花仕女图中》的仙鹤造型准确生动。唐花鸟画家薛稷也以画鹤知名。而宋徽宗的《瑞鹤图》则成了自唐以来花鸟画独立成科后的扛鼎之作。画作共画了20只鹤，再配以秀劲的"瘦金体"御笔纪事、题诗，整个画面洋溢着一派太平祥瑞的气氛。明代，边景昭绘制了百鹤图长卷，创造了鹤画长度之最。明以后，李辰、林良相继把松和鹤列入一个画面，真正开始以"松鹤延年"为主题，实现

武昌黄鹤楼图

了最具长寿寓意的两个典型生物的结合，开辟了中国绘画"松鹤图"之先河。千百年来，松鹤图题材被发扬光大，广泛使用，经久不衰。艺术雕刻可见到的最早的是商朝故都殷墟王妃"妇好墓"中出土的玉制鹤葬品，也是我国早期玉雕的代表作。雕琢成于清乾隆五十一年的玉雕《会昌九老图》也是有关鹤的雕刻。表现的是唐会昌五年，白居易等九老宴游于洛阳香山的故事。作为古镜背面的图案题材，鹤也跻身其中，在洛阳唐墓出土的螺甸古镜是个例证。

在民间工艺中，鹤是被更为广泛使用的题材。在服装刺绣、布匹蜡染等针织品图案中，在陶瓷制品上，在建筑雕刻（木雕、砖雕、石雕等）里，在根雕、铜塑等工艺品中，在剪纸、皮影等方面，鹤都被用来表现长寿祥和的主题。目前，可以见到最早的有鹤形象的丝绸制品为长沙马王堆汉墓出土的汉双鹤菱格纹锦，此外，元代有棕色罗刺绣花鸟纹夹衫中的双鹤，明代有云鹤妆花纱，清代有鹿鹤同春妆花缎。至今，鹤的形象在驰名中外的湘绣、苏绣、顾绣等刺绣图案中均屡见不鲜。建筑雕刻上到皇家宫殿、陵墓，下到百姓住宅、庭院，鹤的形象无处不在。砖雕一般用在围墙影壁上，木雕一般多用在门楣隔断。石雕多在墙围的浮雕中。建筑雕刻在明清建筑中比比皆是。在已经申报为世界文化遗产的明清民居安徽西递、宏村里，在兴建于清末民初的山西富贾大院里，到处可见鹤形象的精美雕刻。

随着一些新的艺术形式的产生，鹤文化走进更加广泛的领域。以鹤为题材的摄影方兴未艾。摄影师们爬冰卧雪，频频出入鹤的繁殖地、越冬地和间歇地，拍下了大量的鹤照片。远

鹤图　越南

到台湾的郎静山，近在沈阳的白忠祥，都有杰作专著问世。此
外，在近代兴起的根艺、火花、邮票、商标等艺术形式中，鹤
也有一席之地，被加以表现。

鹤文化的深入人心，还体现在古代文人雅士多以鹤为其
居室名和别号。自宋以来，我国的文人墨客以鹤为其别号、室
名、文集名的近百人。其中，明清占了大半部分，可见明清以
来乃至当代，崇鹤之风不仅没有减弱，反而愈演愈烈。中华书
局出版的《室名别号索引》中，收有自宋以来至清代，冠以
"鹤"的人名达40多人，如鹤林处士（元於潜谢辅）、鹤影子
（明无锡许仪）等。冠以"鹤"的亭园居室不下50处，如鹤梦
轩（明嘉兴李日华）、鹤巢（清华亭顾大申）等。《四库全
书》所收冠以"鹤"的文集也有《鹤岭山人诗集》《鹤林集》
等十多部。

中国画和民间工艺等造型艺术对鹤形象的塑造，大体由出现于两千年前的仙鹤图出发，经历了六（鹿）鹤图，而松鹤图，而逸鹤图（琴鹤图），而群鹤图的过程。源远流长的鹤文化，对于东南亚各国也．产生了广泛影响。朝鲜、日本、越南等国民众都十分爱鹤，且有悠久的鹤文化，日本称鹤为寿鸟、圣鸟、神鸟、瑞鸟，公元七八世纪的日

鹤图　韩国

本文学作品中就有描写鹤的诗篇，民间至今还有鹤的传说。譬如，民间有看见一只野鹤，可以多活十年，有病的人如果能叠够一千只纸鹤，就能痊愈等说法。朝鲜民族视鹤为吉祥幸福的象征，在日常生活中，到处可见其踪影，女性特别喜欢把仙鹤作为民族服装中至尊至贵的绣饰图案。朝鲜和韩国还都有传统民间仙鹤舞蹈。

中国的鹤文化在舞蹈中也有体现。鹤与舞蹈结缘，是鸟图腾崇拜的产物。原始社会，一些以鹤为图腾的氏族，模仿鹤的长腿，截木续足，高立而起，舞之蹈之。当今流行的高跷，应该是鹤舞蹈的遗迹传承吧！浙江青田民间舞蹈中至今仍有"跳仙鹤""百鸟灯"等。人们还从优美而矫健的鹤形象上得到了健身、长寿的启示，模仿鹤种种动作和神情的健身拳术和气功由此产生。早在1800多年前，东汉名医华佗创编了成套的五禽戏，即虎、鹿、熊、猿、鹤，其中的鹤势即模仿鹤的飞翔姿

自序

势。我国南拳之一的鹤拳，模仿鹤的姿态，刚柔相济，两臂弹抖，以气引力。鹤翔庄是近年兴起的气功流派之一，模仿的是鹤安闲、优美而矫健的动作。太极拳中也有"白鹤亮翅"的动作。这些健身拳术和气功，从某种意义上说，与道教的内心摄养相似。其要法是效法鹤的神情姿态，以令人心平气和，起到强身健体的作用。

鹤文化能够渗入诸多领域，并且飞越了浩瀚的时空，愈加熠熠生辉。其根本原因，在于鹤的多元性的美学价值。一个中国人，无论社会地位贵贱，文化水平高低，都可以在鹤文化里见仁见智地找到自己的欣赏点、兴奋点，都可以通过鹤的文学艺术形象，描述出自己的思想轨迹，抒发出个人的至性至情。

在中国，鹤的文物古迹随处可见，华夏大地自古到今遍布了鹤的踪影。它们是丰厚的鹤文化在各个历史时期的遗存。鹤古迹名声最大的是湖北武昌黄鹤楼。建于公元223年的黄鹤楼，几毁几兴至今仍岿然挺立。历代名人对黄鹤楼的吟咏就有

松鹤延年

400多篇。鹤的文物古迹还有位于今江苏徐州云龙山顶宋张天骥所建的招鹤亭，位于杭州西湖孤山为纪念宋代林逋于明代建立的放鹤亭，扬州大明寺平山堂山坡下埋葬仙鹤的"鹤冢"，镇江焦山悼鹤的"瘗鹤铭"刻石，四川涪陵长江岸边石刻"白鹤梁"，北京白云观中的"驻鹤石""友鹤亭"，等等。此外，以鹤为地名的也不胜枚举。由于黑龙江扎龙附近为鹤繁殖地，所以，黑龙江一带源于鹤的地名格外多。如位于三江平原的鹤岗市、离佳木斯市甚近的鹤立，以及嫩江流域讷河以北的鹤山。再如古代江陵被称之为"鹤泽"，台湾花莲县有一个村子叫舞鹤村。我国生活在有鹤地区的锡伯族、藏族等少数民族也有崇尚仙鹤的习俗。如藏族尼玛泽仁作有唐卡《珠母遣鹤送信图》，三只鹤环绕珠母飞翔；锡伯族供奉的祖先神主上有丹顶鹤的形象，祖先扬鞭策马，仙鹤凌空飞翔。我国古代少数民族高句丽创作于6世纪的四神墓中的彩画《骑鹤仙人图》也有生动的仙鹤形象。

从鹤文化的形式上看，是丰富多彩的；从内容上看，它的社会含义则是广博深邃的。人们崇拜鹤的原因是多方面的：第一，鹤是吉祥幸福的象征。认定鹤为祥禽，从公元前2世纪《淮南子》的记载算起，已持续了2000多年。第二，可表达人们对力和美的赞颂和追求。鹤的美是充满了超凡神力的健美，它是人们反对羁绊，反对凝滞，勃起奋发的形象代表。鹤的形象美是无以言状的：个体高大，羽毛洁白，声音高亢，舞姿柔雅，飞翔高远。它静立时美，走动时也美。它飞行迅速，"灵鹤有奇翼，八表须臾还"（陶潜句）；它活动时空广阔，"翱翔一万里，来去几千年"（李峤句）。第三，可寄托对清幽境界的向往。追求清幽闲逸的意境，是古人又一种类型的心理平衡。在民族精神的陶冶中，具有微妙的功能，但其中也往往掺杂着逃避现实的消极面。人们认为鹤是"清远闲放"之物，所居之地，必如神仙居住的碧落，洋溢着平和安逸的情韵。第四，可寄托悲愤之情。往往是通过鹤的象征形象，来表现文人在"兼济天下"和"独善其身"之间，在出世与入世之间的摇摆难定的激昂、愤懑、悲怆之状。如，陆龟蒙的《鹤媒歌》是通过对以鹤媒陷野鹤就擒做法的控诉来讨伐黑暗现实的檄文；苏轼的《鹤叹》是对宦海沉沦的轻轻叹息；曹雪芹笔下黛玉、湘云在凹晶馆的联诗，充满着末世的悲怆。第五，可寄托对明君、清官和太平盛世的希冀。古人认为，鹤是灵秀之物，秉天地之正气而生，与圣贤、君子情愫相通。借鹤来美化，乃至神化某些人民喜爱的历史人物成为一种表达方式。这屡见于唐宋以来的正史或笔记小说之中。其中著名的有通过春秋时晋平公听师旷援琴时有鹤来舞之事暗喻人们对"德义之君的企盼"的典故，有"铁面御史"赵抃赴成都为官时，只带一琴一鹤，表明为政简易清廉的载录。这种深层的鹤文化意识，几千年来代代相承，形成社会风尚，陶冶着人们的情操。

由此可见，鹤文化的社会内涵主体上是积极的、平和的、祥瑞的，是引导人们向上、向善、向美、向真的。这些，在我们民族的史册上，已经打下深深的烙印，如甘霖雨露，滋润着我们的心田。

综上所述，始于先秦，兴于汉，盛于唐宋，明清继而不衰的鹤文化，在近3000年的历史长河中，经历了由自然物到神仙化，继而到艺术化，从贵族化到大众化，既相互区别、又相互渗透的过程。中国鹤文化，是一个庞大深邃的体系，它无所不在、无处不美，闪烁着东方文明特有的光彩，也是世界文化的重要组成部分。对于先人流传下来的鹤文化遗产，我们应在哲学、宗教、文学、艺术、历史、地理、科技等方面做进一步深入的研究，从中汲取营养和精华，弘扬传统，推出更具有民族风格和时代感的文艺作品，丰富人们的精神世界；又要通过对鹤文化史的研究，整理先人在爱鹤、养鹤、驯鹤等方面的史料，加强对人和鹤类及其万物生存环境的保护。让鹤类，这种几千年来一直为人类所珍爱的濒危鸟类永远翱翔在九州方圆里，让鹤文化，这株根植民族文化土壤里的奇葩枝繁叶茂，荫庇中华。

立鹤纹图　明

第一章

文学之鹤

鹤意诗情

　　鹤是大型珍贵涉禽，是我国一级保护动物，是世界二级稀有濒危动物。鹤的仪表雍容高贵，举止优雅潇洒，引颈高鸣清脆悦耳，展翅起舞翩翩欲仙，堪称自然界天然的艺术品。再加上那些千古流传的非常美好的鹤的传说，及人们赋予它们的长寿、吉祥、和瑞的寓意，鹤便备受人们的喜爱。古往今来，鹤被人们用图画、诗词、歌舞等多种文学艺术形式广为赞颂，成为著名的文化鸟类。

　　鹤被人崇拜的历史很早，早在石器时代的原始社会中就被一些氏族作为"图腾"加以崇拜和神秘化。我国春秋时出现的最早的一部诗歌总集《诗经》中就有了对鹤的描写，尔后，中国古代诗词中就出现了大量的以鹤为题材的作品。骚人墨客多是通过对鹤的形象和鹤的精神的描写来抒发以赞美居多的各式情感。

　　写鹤的形象，主要是写鹤的声音、姿态、仪表、飞舞、高翔等，其中以描写鹤的声音——习称"鹤鸣""鹤唳"的居多。这大抵是因为在文学史上占有重要地位的《诗经》带头描写鹤鸣的结果吧。《诗经·小雅·鹤鸣》中那"鹤鸣于九皋，声闻于天"的诗句，也确是开篇不凡，令人叹服。说鹤的叫声能传上九天，是用来形容鹤鸣之响亮的。而实际上鹤的鸣声也确是特别响亮。这是由于它的脖颈气管长且回环盘曲于胸腔的生理特点所决定的。唐刘商描写鹤鸣为"一声嘹亮冲天阒"，南唐徐铉描写为"鹤唳眇云端"。清赵庆的词句写得更为直接："叫长空，霹雳一声飞，青天破"。这些虽都缘"声闻于天"而来，但由于夸张得当，也都生动形象。还有一些诗人则在对鹤声的描写中运用拟人、比喻等修辞方法，渗入了自己怀乡思人的悲伤情感。唐白居易的《池鹤》诗云："临风一唳思何事，怅望青田云水遥。"诗人通过对池鹤迎风鸣叫，失意地望着遥远的青山原野尽头的故乡的描写，抒发自己浓重的思乡之情。唐王昌龄的"太清闻海鹤，游子引乡眄"的诗句，则是直抒游子思乡之胸臆。宋徐照的"欲识怀君意，时闻鹤一声"，宋苏庠的"晚山千万叠，别鹤两三声"，把闻鹤鸣而思念友人的心境写得十分感人。唐杜牧《别鹤》诗中的"声断碧云外，影孤明月中"，则把形单影只的诗人思乡怀友的情感写得催人泪下。

鹤不仅能歌，而且善舞。鹤求偶时更是对歌对舞。因此，赞美鹤舞翩翩的诗句也为数不少。由于人们所钟爱的几种鹤——丹顶鹤、白鹤、黑颈鹤的羽毛大都是白色居多，尤其是名气最大，"白丝翎羽丹砂顶"（唐刘得仁诗句）的丹顶鹤，其羽毛之美更令人叫绝。唐李白《诗以见志》中的"谓言无涯雪，忽向窗前落。白玉为毛衣，黄金不肯博"，唐齐己《水鹤》中的"比雪还胜雪，同群亦出群"，宋戴复古"鹤换一身雪，花开满树金"都是直接描写鹤羽之白欺霜雪的。而描写鹤舞的诗句往往是连同鹤那如云似雪的羽毛一起写，效果极佳。唐陈子昂的"独舞纷如雪，孤飞暖似云"，唐李绅的"羽毛仙雪无暇点，顾影秋池舞白云"，唐钱起的"单飞后片雪，早晚及前侣"都是运用比喻，把鹤舞描写得如白雪纷纷，如白云茸茸，如神仙飘飘，真可谓栩栩如生，充满了诗情画意。

由于鹤翱翔于云汉的飞行习性，所以写鹤飞舞的诗词常常以云彩或浩渺的海水为背景，用以衬托、突出高远祥瑞的意义。这一特点，具有浓郁的民族风格。唐刘商的"素质翩翩带落晖"，宋翁卷的"鹤带晚云归"，元倪瓒的"时有残云伴鹤归"，宋王安石的"黄鹤抚四海，翻然落九州"等，都是这类诗句。

在描写鹤的诗词中，写它高飞远翔的也很多。诗人多以此表达远大志向、不凡抱负。这类诗描写的是"鹤翔"。在鹤的实际生活中，远飞确是需要。因为鹤是典型的候鸟，一年要进行两次南北大迁徙，且路程很长。而鹤的身材高大，较能适宜各种环境的需要。写鹤翔的诗句，大都用笔强劲，气势恢弘。唐元稹的"有鸟有鸟真白鹤，飞上九天云漠漠"，唐皎然的"逢泉破石昇，放鹤向云看"，宋苏轼的"溪边野鹤冲天起，飞入南山第几重"，宋陈与义的"栏杆生影曲屏东，卧看孤鹤驾天风"和他的"矫矫千年鹤，茫茫万里风"等诗句，就都写得很有力量。还有一些诗人写鹤翔，则采取与其他小生物对比的手法，以起到衬托鹤翔之与众不同。唐王毂的《鹤》诗中这样写："沙鸥浦雁应惊讶，一举扶摇直上天。""扶摇"几乎是用来形容中国古代传说中的大鸟鲲鹏翱翔九天的专用词，这里用来形容现实中存在的鹤，可见对鹤翔评价之高。又加上

"沙鸥浦雁"的衬托，更使鹤的"扶摇"高不可比。元范德机的诗句"天遥一鹤上，山合百虫鸣"则是将"一鹤"与"百虫"对比着写，也很好地衬托了鹤翔之高远。

鹤舞动、飞翔时美，静立、张望时也美。鹤闲立时，常常直立身体，伸起长颈，向四周嘹望，故有"鹤立""鹤望"之说。白居易用"谁谓尔能舞，不如闲立时"的诗句来赞扬鹤立之美。他还用比喻和拟人的手法，具体地描写鹤立时的姿态和羽毛之美。"带雪松枝翘膝胫，放花菱片缀毛衣"，写鹤的外观如落满白雪的松枝。鹤抬起一足，挺直脖颈，现出美丽的姿态。它的羽毛像美丽的花瓣点缀于上，非常好看。"低头乍恐丹砂落，晒翅常疑白雪消"，则把鹤一低头、一伸翅的姿势和一红一白的色彩对比着写，将鹤的姿态和外观写得更加鲜美可爱。刘禹锡《鹤叹》："爱池能久立，看月未成栖。"储光羲《池边鹤》："立如依岸雪，飞似向池泉。"也都是直接写鹤立之美的。唐戴叔伦的"独鹤爱清幽，飞来不飞去"，宋欧阳修的"花底弄日影，风前理毛衣"等诗句则是间接写鹤立之美的。诗人们通过写鹤立，抒发其悠闲、静谧和雅致的情感。

有一些诗词，还把鹤的两种或几种形象特征合起来写，让人们从多种角度来欣赏鹤。唐刘禹锡的"星星细语人听尽，欲向五云翻翅飞"，唐杜牧的"仙掌月明孤影过，长门灯暗数声来"，明李东阳的"空山试舞前溪月，记得霓裳拍里声"等诗句，都是把鹤的飞舞和鸣叫这两个主要特征合起来写的，真可谓声情并茂。唐李中的诗句"清露滴时翘藓径，白云开处唳松风"，是写清晨滴露，一只仙鹤正昂首翘尾在长满苔藓的小路上徐徐而行，天空白云正散，传来了声声唳鸣和阵阵松涛声。

诗人也是将仙鹤的姿态和声音合写，形象生动逼真，令人玩味无穷。

　　骚人墨客抓住仙鹤的共同特征，从各自的角度，对仙鹤的高雅美丽形象进行了摹写，各有千秋，但抒发的情感却是大体相同，那就是高雅、愉悦和美好。一些诗人则千方百计去追写鹤神，即鹤的精神境界，以此直接抒发表达自己的情感志向。在这一类诗里，写鹤闲逸的较多，抒发的是诗人闲适旷达、高雅脱俗的情怀。许浑的诗句"思随江鹤远，心寄海鸥闲"，写的是诗人思绪随着江上高飞的白鹤远去，心志寄托在翱翔于空中的海鸥，表达了诗人遁世脱俗的心境。宋林逋的"鹤闲临水久，蜂懒得花疏"，唐处默的"独鹤只为山客伴，闲云常在野僧家"，唐皎然的"昂藏独鹤闲心远，寂历秋花野意多"及他的"别馆琴徒语，前洲鹤自群。明朝天畔远，何处逐闲云"等诗句，都是写鹤之闲来说人之闲的。还有一些诗句则是采取隐晦的手法写鹤闲，从而委婉地表达了诗人对闲情逸致的追求。如唐杜荀鹤的"鹤隐松声尽"，宋真山民的"引鹤徐行三径晓，约梅同醉一壶春"，唐白居易的"身兼妻子都三口，鹤与图书共一船"等诗句。

　　写鹤神的诗句还有一些是表达诗人豪迈、仰慕的心情和高尚、高洁的志向的。宋岳甫的"鹦鹉洲前处士，黄鹤楼中仙客"写的是豪迈；唐刘禹锡的"晴空一鹤排云上，便引诗情到碧霄"写的是潇洒；翁卷的"一拂清风一袖云，紫阳容貌鹤精神"写的是仰慕；唐徐夤的"环堵岂惭蜗作客，布衣宁假鹤为邻"，写的是诗人宁守清贫不肯趋炎附势的志气；唐韦应物的"心同野鹤与尘远，诗似冰壶见底清"及许浑的"青山有雪谙松性，碧落无云称鹤心"，唐皎然的"真思凝瑶瑟，高情属云鹤"等诗句写的是诗人对超凡脱俗的高洁的追求；宋张祥的"楠友正须人手，跨鹤缓酬凤志"，唐杜甫的"蛰龙三冬卧，老鹤万里心"，唐李郢的"四朝忧国鬓成丝，龙马精神海鹤姿"诗句写的是诗人的远大抱负。

在写鹤神的诗句中，写鹤的长寿的很多。因为鹤能活数十年，是一种较长寿的鸟，所以出现"鹤寿"之说。又因为松也是长寿之树，所以，人们写鹤的长寿常常习惯与松合写。尽管鹤不像其他多数鸟类那样生活在高山密林中，而是生活在平原沼泽地带，但人们还是习惯把它与那些寓意相同的动植物放到一起来写。正像竹兰梅菊生长的环境不同，却常被人们相提并论一样，"松鹤延年"构成了一个统一的整体，完整的概念。写松鹤的诗句多是以工整对仗、相互映衬形式出现的。像唐修睦的诗句"野鹤眠松上，秋苔长雨问"，唐吴融的诗句"日暮松声满阶砌，不是风雨鹤归来"，唐：无可的诗句"待鹤称阳过，听风落子频"，宋赵师秀的诗句"欲问台中鹤，长松自不

鹤朝阳（瓦当）

知"，徐夤的诗句"龙盘劲节岩前见，鹤唳翠梢天上闻"等，都是相同的写法。

还有一些写鹤神的诗是写鹤的祥瑞、高雅的。因鹤与龙凤一样都具有很早就被人崇拜的资历，又具有大吉大祥的寓意，所以有些诗句就把鹤与龙凤共写，多表示诗人的雄心大志。唐元稹的"风有高梧鹤有松，偶来江外寄行踪"；杜甫的"鹤驾通霄凤辇备，鸡鸣问寝龙楼晓"；唐王绩的"驾鹤来无日，乘龙去几年"；苏轼的"白鹤不留归后语，苍龙还是种时孙"；元虞集的"云暗鼎湖龙去远，月明华表鹤归迟"等都堪称此类佳句。因为鹤的高雅也可与梅竹的高洁相媲美，所以又出现了一些鹤与梅竹相依相恋的诗句。如唐齐己的诗句"荒斋松竹老，傍鹤自徘徊"；郑昂的诗句"岂仅无薪供菜酒，天寒有鹤守梅花"；唐刘长卿的诗句"鹤老难知岁，梅寒未作花"等。

鹤是传说很多的动物，因此很多写鹤的诗就把有关鹤之典故传说糅进诗中。这一类作品也属于描写鹤神。唐欧阳询的《艺文类聚》书中记载了一个"猿鹤虫沙"的传说，后来在很多诗词中就把同为"君子"类的猿鹤并提，表达人们对君子的敬慕与对成为君子的渴望。李白的"君子变猿鹤，小人为虫沙"诗句即是直引这个典故。杜荀鹤的"求猿句寄山深寺，乞鹤书传海畔洲"，南唐韩溉的"啼猿想带苍山雨，归鹤应和紫府云"，陆游的"身并猿鹤为三友，家托烟波作四邻"等都是将猿鹤并提的诗句。汉刘向的《列仙传·王子乔》记载了"王乔骑鹤"的传说，以后，人们就用"骑鹤"比喻得道成仙；用"笙鹤"等表现悠然自适的仙道生活；用"王乔鹤"等比喻洒脱不凡的人；用"鹤驾""乔驭"等谓仙人或太子的车驾；用

"王子乔"代指仙人。用此典的诗词很多，各朝各代都有。郑谷的"爽得心神便骑鹤，何须晓得白朱砂"，杜甫的"人传有笙鹤，时过此山头"，"范蠡舟扁小，王乔鹤不群"，陆游的"鹤驾三山近，壶天万里宽"，元好问的"人言王子乔，鹤驭此上宾"等很多诗句都取用此典。晋陶潜的《搜神后记》中记载有"辽东鹤"的典故，以后就用"辽东鹤""辽城鹤""化鹤"等写久别重归、慨叹人世的变迁，表达对乡土的思恋。唐王维的《送张道士归山诗》云："当作辽城鹤，仙歌使尔闻"，宋黄庭坚的诗云："人间化鹤三千岁，海上看羊十九年"都是取自这个典源。"王乔骑鹤"和"辽东鹤"这两个典故传说有些相似，都是写化鹤成仙得道的。黄哲的"辽东鹤驭远，缑岭鸾笙吟"，就是把两典并提，更增添了鹤的仙气。大概自此二典相继出现之后，丹顶鹤也就被冠之以"仙"了吧！

还有一个"露惊夜鹤"的传说。也不知此一说是否科学，可取此传说为典的诗却不胜枚举。唐羊士谔的"鹤飞闻坠露，鱼戏见层波"，唐李峤的《露》诗中的"夜警千年鹤，朝露七月风"，陆游的"万顷烟波鸥境界，九秋风露鹤精神"，宋张耒的"栖鹤凉觉先，饥鸟夕未归"，隋孔德绍的"心危白露下，声断彩弦中"，元好问的"露凉惊夜鹤，风细咽秋蝉"，清佟法海的"长鸣因警露，岂为九天闻"等都是取用这一典故题材的。诗人们多是以此典写秋夜之景，又多以此典写鹤鸣之响亮，从而也描写了以寂寞、孤独、凄凉为主体的各自复杂心态。

鹤是美丽、高雅、神奇的。从以鹤为题材和涉及鹤的众多诗词的描写中，我们可以看到作为自然生灵的鹤的鸣叫站立、飞舞高翔等千姿百态的形象之美，也感受到了作为人们心目中仙鸟鹤的精神之美。像龙文化、凤文化一样，鹤也是一种文化。鹤确实是值得人们喜爱和崇拜的。但它们的数量正在逐渐减少，丹顶鹤的种群总数只有1000多只。宋梅尧臣所描绘的那种"晴云噪鹤几千只"的壮观景象早已难见再到。为了使现在为数不多的鹤类能和那些讴歌它们的浩繁的诗篇相映生辉，共同成为留给中华乃至世界子孙后代的宝贵财富，我们应不遗余力地去保护好它们。

芦苇诗情

芦，别称苇、葭、蒹葭、芦苇。还有一种与芦同科而异种的植物，叫荻。李时珍的《本草纲目》为芦作了分类，谓："苇之初曰葭，未秀曰芦，长成曰苇。"而我们对这一类植物习惯上统称芦苇。芦苇是遍布中国乃至世界温带最常见的一种水草。它纤纤细细，其貌不扬，生长在沼泽湿地，既不能栽入宅院，也不能摆进厅堂，但它却是除了梅菊竹兰君子类植物之外，被古往今来骚人墨客吟咏得最多的植物之一。春夏秋冬四季芦苇都可作为题材写入各类诗词中，并以此寄寓喜怒哀乐百般情怀。

芦苇被描写的历史很早。我国古代著名神话《女娲补天》里就有"积芦灰以止淫水"的描写。我国最早的诗歌总集《诗经》是最早以诗歌的形式对芦苇进行吟咏抒怀的，并多处出现。像《豳风·七月》篇里的"七月流火，八月萑苇"（七月火星向西移，八月割蒲苇），《召南·驺虞》篇里的"彼茁者葭"（茁壮丛丛的芦苇），《大雅·行苇》篇里的"敦彼行苇"（道上芦苇丛丛密密），等等。此后，历代都有诗人把芦苇写进自己的诗词中，而且，描写也愈发生动起来。

春天的芦苇被用来抒发喜春的情怀。宋代苏轼很喜欢描写春苇，而且描写得很动人。一句"蒌蒿满地芦芽短，正是河豚欲上时"，便油然可见诗人喜爱大好春光的心情。他在另一首诗里写芦根也很独特，"春水芦根看鹤立，夕阳枫叶见鸦翻。"同处宋代的欧阳修却是在餐桌上欣赏芦芽的："荻笋时鱼方有味，恨无佳客共杯盘。"唐代罗隐的"短芽冒立初生笋，高柳偷风已弄条"和元代萨都勒的"芦芽短短穿碧沙，船头鲤鱼吹浪花"，都是写芦芽破土而出的，也同样的形象逼真。诗人们带着寻春的目光，仔细观察，在短短的芦芽上发现了春天的信息。可见其对春天的盼望是多么的热切。宋代周密则直接道来："小雨分江，残寒迷浦，春容浅入蒹葭。"诗人欢快地宣告：充满生机的春天的形象就在水中刚刚抽芽的芦苇中。而宋代沈与求的《过荻芽塘》中的"野航春人荻芽塘，远意相传接渺茫"，唐代郑谷的"闲立春塘烟淡淡，静眠寒苇雨飕飕"，宋惠洪的"荒寒数苇橘洲岸，领略半窗湘寺钟"等诗

鹿鹤图（木刻）

第一章 文学之鹤

句均是从广阔的视野写芦芽点缀早春的整体场面之壮美的。

夏苇被描写得不多，但可见到的一些诗句的咏物抒情却都很成功。清代彭孙遹的"野水沉蒹葭，遥天挂斗牛"，写的是夏夜的情景，诗人俯视湖里蒹葭纵横，仰望高空星斗满天。能摄取到这样一幅静谧恬淡的图画，不禁尘念皆尽，心意俱澄。诗人欲与山水为乐，追求自由生活的情感溢于言表，唐王维《清溪》诗中的"漾漾泛菱荇，澄澄映暮葭"，诗句所表达的情感与上诗类似，诗人通过写芦苇的倩影来表达对他所歌颂的青溪的爱恋，从而抒发了自己如同河流一样清澈、闲谧美好的心情。宋苏庠的"短船谁泊蒹葭渚，夜深远火照渔铺"诗句描写的是初夏夜晚芦苇滩头诗人的宁静心境。宋柳永的"船棹蒹葭浦避畏景"，写的也是在炎热的夏季，诗人躲进芦苇荡追求凉爽安静的情形。

此外，宋柳永的词句"望几点，渔灯隐映蒹葭浦"，明汤显祖的"漠漠蒹葭映夕阳"，清吴三振的"万顷菰芦堆碧海，星星渔火人香林"等诗句也都是描写夏夜芦苇的。可见，描写夏季芦苇的诗词有两个特点：一是场面大，因为夏季芦苇生长起来了，一丛丛、一片片，无边无涯，甚为壮观。所以，描写夏季芦苇多用"浦"、"渚"、"顷"、"漠漠"等词语；二是多抒发诗人求静求安的情感。

被描写得最多的当是秋天的芦苇。诗人们寄寓秋苇的情感，有喜亦有悲。抒发喜悦情感的诗句多着笔芦花。通过写芦花的洁白可爱，抒发诗人欢快、宁静的心情。采用的手法多用对比、衬托。唐张均的诗句"洲白芦花吐，园红柿叶稀"，樊洄的诗句"枫叶红霞举，苍芦白浪川"，唐温庭筠的"三秋梅雨愁枫叶，一夜篷舟宿芦花"诗句，元许有壬《荻港早行》中的"清霜醉枫叶，淡月隐芦花"诗句，古诗所云"芦花间白蓼花红"诗句，都是将芦花的雪白与蓼花等植物的赤红相互映衬而写的，从而把秋景写得明丽多姿。此外，还有白色芦花与其他黄色植物的对比，也十分成功。如唐张贲的"时时风折芦花乱，处处霜摧稻穗低"诗句，先写白色的芦花被风吹动起舞，再写金黄的稻穗在霜后低垂着沉重的穗头，把芦花的银白与稻穗的金黄并提，在读者面前呈现出原野晚秋成熟的色彩。清人沈自南的"蒹葭拂浪深如雪，橘柚垂烟半似金"诗句也是雪白与金黄对比。在这些成功的描写当中，渗透着诗人们对秋实的欢欣。唐孟浩然的诗句"月明全见芦花白，风起遥闻杜若香"，则是把芦花的色彩与杜若的香气相映衬，表现了诗人对宁静山水的热爱。唐李白的"龟游莲叶上，鸟宿芦花里"，宋王安石的"鱼跳归来歌未终，鸳鸯忽起芦花风"等诗句就是把静美的芦花与游跃的鸟鱼等动物相对比，一动一静相衬托，描绘出了一幅幅人归鸟宿鱼跃的水乡日暮美景，诗人的愉悦也就不言而喻了。

写秋苇芦花之可爱，除运用对比手法，还运用了比喻、拟人等修辞方法，也很生动，清敦诚的诗句"芦花如雪压前溪"，沈自南的"暮葭拂浪深如雪"，清厉鹗的"芦花吹雪到邗沟"，清王柏心的"苇缫千顷雪"，唐戎昱的"稍误芦花带雪平"等诗句都是把芦花比喻为雪，写它的洁白美丽。唐许浑的"蒹葭水暗萤知夜，杨柳风高雁送秋"诗句则是用拟人手法写出水乡秋夜之景，渲染出静谧、清爽的气氛。当然，也有不加修饰、直抒胸臆的。宋林逋及清黄景仁即是爱意鲜明地道出了芦花的无比可爱。林逋谓："最爱芦花经雨后，一蓬烟火饭渔船。"黄景仁云："明月芦花思煞人。"动情的诗句令人读后亦动情。

然而，描写秋苇悲义的作品比喜义的作品要多得多。大概秋苇的枯黄、摧折、衰败，加上萧瑟的秋风更适合作为文人悲秋的题材吧，也可能这样一个氛围和意境更易与中国传统的审美意识相一致吧。在这一类诗作中，以抒发离愁别绪、凄愁别苦、孤独情怀的居多。

离愁别绪多是从怀人思远写起，《诗经·秦·蒹葭》一诗可以说是开此先河。"蒹葭苍苍，白露为霜，所谓伊人，在水一方"；"蒹葭凄凄，白露未晞。所谓伊人，在水之湄"；"蒹葭采采，白露未已，所谓伊人，在水之涘"。这首有三章二十四句之多的情诗，每章都以蒹葭开头，反复吟唱一个场面，抒发一式情怀：一个滴露结霜的秋晨，诗人透过茂密凄凉的芦苇丛，久久地凝视河的对岸想象中的恋人居住的地方，想去追寻他，却可望而不可即，凄苦惆怅之情溢于言表。唐沈宇在《武阳送别》诗中，通过"菊黄芦白雁初飞，羌笛胡箫泪满衣"的描写，把对友人的深情，有声有色地表露出来。宋张炎的"折芦花赠远，零落一身秋"，写的是对朋友的怀想。亲如手足的老友，两地阔别，倘若离情难遣，相思百结，便可折枝秋芦远寄予我。因为你看见芦花败落凋零的样子，就能想见我的坎坷处境，好似深秋里的花木，不堪寒苦。唐杜牧的"秋声无不搅离心，梦泽蒹葭楚雨深"诗句，写的是秋天的风声、雨声、树声、虫声等汇成的交响，扰乱着离人的心。特别是在那云梦泽畔，当绵绵的秋雨洒落在深密的芦苇上时，更能打动离人的心曲。唐白居易的《赠江客》中的"愁君独向沙头宿，水绕芦花月满船"诗句写的是肃杀的秋夜，水苍茫，月凄凉，芦花萧索。诗人借写江客的担忧，流露出无限怅惘悲哀之情。唐白居易的"浔阳江头夜送客，枫叶荻花秋瑟瑟"一句，是他的名作《琵琶行》的开篇首句，诗人将与朋友的离别之苦寄寓于瑟瑟秋风中的"枫叶荻花"，以景寓情，先声夺人，十分成功。唐黄滔的《别友人》中的"梦魂空系潇湘岸，烟水茫茫芦苇花"和清曹雪芹《红楼梦》中的"怅望西风抱闷思，蓼红苇白断肠时"也都是通过写秋苇来表达对友人魂牵梦萦的思念的。

以芦苇来表现离别情绪还有许多怀乡思远的诗作。唐许浑的"一上高楼万里愁，蒹葭杨柳似汀洲"，以雄浑笔触生动地描绘了咸阳秋天傍晚的景致，寄托了深沉的感慨。眼前的渭水秦川，蒹葭秋水，杨柳河桥，宛似故乡风物，怎不勾起人的无尽愁怀呢？诗句里蕴藏着对古往今来自然人生的百般感触。唐朱庆余的"芦叶有声疑雨露，浪花无际似潇湘"诗句也是以芦苇抒发怀乡思远情感的佳句。诗人用比照手法，用故乡南湖的芦叶、浪花，比附楚乡潇湘。这深切的思乡之情，简直可令读者与作者一起随着那雨露滴答声一起潸然泪下。唐李洞的《客亭对月》也是通过写芦花来写游子思乡的。"游子离魂陇上花，风飘浪卷绕天涯，一年十二度圆月，十一回圆不在家。"诗人用衬托手法，将欲归不能的痛苦心情抒发得浅显易明，更增强了作品的感染力。

描写景物荒凉以写心中凄凉之感的作品在芦苇悲秋题材中也占有较大分量。唐杜甫的《蒹葭》诗云："体弱春风早，丛长夜露多，江湖后摇落，亦恐岁蹉跎。摧折不自守，秋风吹若何，暂时花戴雪，几处叶沉波。"诗人借芦苇悲悼失志之土，诗句充满着对一年四季屡受摧折的芦苇的同情、惋惜和对美好事物受害的愤慨，也蕴涵着诗人沉重的自伤。唐李颀的"八月寒苇花，秋江浪头白"诗句，以质朴的语言，描写了大面积的苇花，传给人一种排浪打来的凄冷感觉。明唐寅的《潇湘夜雨》云："鱼龙出没吼江涛，墨染云烟不断飘。乔口橘洲何处是，满江芦荻夜萧萧。"兼画家与诗人于一身的作者，以绘画的笔触，表现出了潇湘夜雨的苍茫迷离。混沌的景物，混合的感受，连同诗人的内心世界，似乎都充满了萧萧的芦荻声。唐刘禹锡的"芦苇晚风起，秋江鳞甲生"，唐白居易的"回看深浦停舟处，芦荻花中一点灯"，清乐钧的"芦花吹雪一江寒，老向烟波把钓竿"等诗句，都是写荒凉的芦苇景色和孤独凄凉的诗人心情的，而且非常巧合的是，诗人们几乎都把这一类诗句融入苍茫夜色里。也许夜之黑暗更能融入诗人心情之沉重吧！

在体现秋苇悲义的作品中还有一类是表现社会动荡、生活艰辛主题的。宋戴复古的《江村晚眺》道："江头落日照平沙，潮退渔舫搁岸斜。白鸟一双临水立，见人惊起人芦花。"此诗写渔村风景，画面感很强，但并非单纯的写景诗。诗人用含蓄的手法，蕴涵着自己的用心，写白鸥见人惊藏苇丛带来的不安气氛，暗示世道的动荡、险恶，正如前人评论所说：这首诗"富有人情世态的寄托，念蓄深做，意味不尽"。唐王昌龄的"出塞入塞苦，处处黄芦草"诗句，极言边塞战争形势的紧张和艰苦。清郑燮的《渔家》诗直接反映的是民间的疾苦，颇为深切，通过"拔来湿苇烧难着，晒在杨柳古岸边"的诗句，表现渔家生活的艰辛。晋张望的《贫士诗》的"苇蔺自朽损，毁屋正寥豁"，清林古度的"老来贫困实堪嗟，寒气偏归我一家，无被夜眠牵破絮，浑如孤鹤人芦花"，都是对于秋苇之描写，真可以说是丰富无边。此类作品在芦苇题材的诗作中所占比例最大，成功的描写也最多。它们内涵丰富，手法多样，读起来也最动人，可以说是芦苇诗词精华之所在。

但为数甚少的关于冬苇的诗作，也不乏名篇佳句。宋杨万里的《过扬子江》是写扬子江的名篇。而"只有清霜冻太空，更无半点荻花风"，是该篇首句，也是佳句。只这一笔，就涂抹出这幅长江雪雾图素白的底色，为全诗抒发忧愤、沉痛心情做下了很好的铺垫。宋李弥逊《题赵干江行初雪图》中的"个中认得江南手，十里黄芦雪打船"，写的是冬季芦苇塘景。唐李郢的"园林向腊停霜果，葭荻和烟宿暝鸿"诗句写的是江南五湖地区的初冬景致。可见，由冬苇构成的景致是萧条肃杀的，诗人们的笔触也都多了几分沉实。

芦苇荡是鹤的家园，芦苇是鹤的卫护者，但因为民间文化讲究寓意的关系，在众多的芦苇诗词中，我们很难找到苇鹤并提的诗句，这不能不令人遗憾。

纤纤细苇，随处可见。但一年四季春去冬来，芦苇却经历了不平常的从青绿到黄白。在诗人的眼里，它更是个尤物，因为它可寄寓他们丰富的情感。在从古到今那些大量以芦苇为题材的诗作里，春苇之生机，夏苇之繁荣，秋苇之萧瑟，冬苇之凝重，都得到了充分的体现，更重要的是，诗人们春喜夏安、秋悲冬思的各式情怀都借芦苇得以抒发。因此，可以说，芦苇的诗情是非常广阔、无边深厚的。

鹤的典故及其诗

　　典故是智慧的结晶，它的多少，是一个国家和民族文化历史宝藏丰富与否的重要标尺。我国诗文中使用典故源远流长，典故在文学作品中放射着异样的光彩。尤其是在文学发展史上分别代表了创作成就高峰的唐诗宋词元曲中，蕴藏着无数优美的典故。文学大师们对典故的成功引用，表现了他们各自所处

《列仙传》所载王子乔图　汉　刘向

的时代的人们的复杂的思想感情。鹤是一种美丽高雅的飞禽，很早就被人们喜爱，乃至崇拜，因而关于它的传说很多，取用这些传说为典的诗词更是不胜枚举。其中较为著名的是"乘轩鹤""王乔骑鹤""辽东鹤""风声鹤唳""鹤立鸡群""猿鹤沙虫""骑鹤上扬州"等等。

鹤的典故出现的时间比较早，因为人们对鹤的崇拜是很久远的事情。

最早的关于鹤的传说要数"乘轩鹤"啦。这个典故出自《左传·闵公二年》："冬十二月，狄人伐卫。卫懿公好鹤，鹤有乘轩者。将战，国人受甲者皆曰：'使鹤！鹤实有禄位，余焉能战？'"大意是，卫懿公爱鹤，让鹤乘坐大夫以上官员才能乘坐的轩车。后遂用"乘轩鹤""鹤乘轩""鹤乘车"等写照滥予官爵，无功受禄，或借指不能做事而受到宠幸的人物。如，陆游《题舍壁》诗句："尚憎弩恋栈，肯羡鹤乘车"，沈佺期的《移梦司列》诗句："宠迈乘轩鹤，荣过食稻凫"，袁枚《陇上行》诗句："掌珠真护惜，轩鹤望腾骞"，严复《甲辰出都呈同里诸公》诗句："君知国有鹤乘轩，何必心惊燕巢幕"，等等，都是引用此典的佳句。

"王乔骑鹤"出自汉代刘向的《列仙传·王子乔》："王子乔者，周灵王太子晋也。好吹笙，作凤凰鸣。游伊洛之间，道士浮丘公接以上嵩高山。三十余年后，求之于山上，见桓良曰：'告我家：九月九日待我于缑氏山颠。'至时果乘白鹤驻山头，望之不得到，举手谢时人，数日而去。"说的是周灵王太子晋，即王子乔，好吹笙，随道士入山学道成仙。三十余年后，骑鹤在缑氏山头与家人见面的故事。这一传说作为典故最早出现在汉代的《古诗十九首》里，其诗句为："仙人王子乔，难可等与朝。"这里即用王子乔代指仙人。以后，历代许多大诗人都引用过此典。杜甫的"人传有笙鹤，时过此山头"，刘禹锡的"群玉山头住四年，每闻笙鹤看诸仙"，苏轼的"泠然心境空，仿佛来笙鹤"，陆游的"笠泽莼鲈秋向晚，缑山笙鹤月微明"等诗句都是用"笙鹤"做典眼，表现的是诗人羡慕仙道悠然自得心情的。陆游的"洛浦凌波矜绝态，缑山骑鹤想前身"，苏轼的"白发何足道，要使双瞳方，却后五百年，骑鹤还故乡"等诗句都是用"驾鹤""骑鹤"来比喻得道成仙的。元稹的"苍苍秦树云，去去缑山鹤"和杜甫的"范蠡舟扁小，王乔鹤不群"两句诗是用"缑山鹤"和"王乔鹤"比喻洒脱不凡的人。

由于这个典故道出了鹤为仙人所乘骑，鹤开始被神化。但毕竟是借仙人之光儿，而鹤真正被拟人化、直写为仙，还得从"辽东鹤"开始算起。

"辽东鹤"典出晋陶潜的《搜神后记》卷一："丁令威本辽东人，学道于灵虚山，后化鹤归辽，集城门华表柱，时有少年举弓欲射之，鹤乃飞，徘徊空中而言曰：'有鸟有鸟丁令威，去家千年今始归。城郭如故人民非，何不学仙冢累累？'遂高飞冲天。"这则神话故事是说辽东人丁令威入山学道，化鹤归来，见家乡物是人非。从此，"丁令威""辽东鹤"多用为典故借喻故土久别，思恋乡土，人世变迁。温庭筠的"山笼辽鹤归辽海，落笔龙蛇满环墙"，李商隐的"神物龟酬孔，仙才鹤姓丁"，杜牧的"千年鹤归犹有恨，一年人往岂无情"，刘禹锡的"凤从池上游沧海，鹤到辽东识旧巢"，元好问的

"辽海故家人几在，华亭清冷世空怜"，文天祥的"山河风景元无异，城郭人民半已非"等，都是用此典成功得体的诗句。陆游是用此典最多的诗人。他的"老翁正似辽天鹤，更觉人间岁月长"，"辽天华表苍茫里，千载何人识令威"，"中夜饭牛初上孤，千年化鹤复归乡"，"九万里中鲲自化，一千年外鹤仍归"，"鹤归辽海逾千岁，枫落吴江又一秋"等诗句都是借写对仙鹤归乡的渴望来表达诗人晚年浓烈的思乡爱国情怀的。而吴淑《鹤赋》则把二典并用："缑山识王乔之至，辽东见丁令之还。"

与"辽东鹤"同期出现的传说还有"风声鹤唳"。这个传说语出《晋书·苻坚载记下》和《晋书·谢玄传》。东晋时，秦主苻坚率领大军，列阵淝水，要与东晋决战。晋将谢玄等以精锐八千涉水进军，秦军大败。"坚众奔溃，自相蹈藉投水者不可胜计，淝水为之不流。余众弃甲宵遁，闻风声鹤唳，皆以为王师已至，草行露宿，重以饥饿，死者十七八。"这里说苻坚的溃兵听到风声鹤叫，以为是追兵呼喊。后遂用此典形容疑惧惊慌，一有风吹草动便神经高度紧张。多引用此典人诗的有刘禹锡等人，刘禹锡的"残兵疑鹤唳，空垒辨鸟声"，黄节的"山高风鹤哀，将军死无地"和"绿鬓将军思下马，黄头妇子惊闻鹤"，庾信的"闻鹤唳而心惊，听胡笳而泪下"，清吴秉谦的"庐陵昔日建和门，风鹤惊心故垒存"等诗句，都把"风声鹤唳"典故用得很传神。"夜鹤惊露"典故出自《禽经》："露禽鹤也，露下则鹤鸣也。"是说鹤有警露之习，鹤闻露水嘀落之声便用鸣声相警，迁移宿处。诗中用此典较多，多写鹤之惊警习性。如，陈季《鹤惊露》诗句："溪松寒暂宿，露草滴还惊。"虞世南《飞来双白鹤》诗句："危心犹惊露，哀响讵闻天。"骆宾王《送王明府参选》诗句："虚心恒惊露，孤影尚凌烟。"窦群《冬日晓思寄杨二十七》诗句："鹤警晨光上，步出南轩时。"以后历代，均有引用此典者，都以动态来写夜鹤惊露之状。如宋张耒《夏日》诗句："栖鹤凉先警，饥鸟夕未归。"隋孔德绍《赋得华亭鹤》诗句："心危白露下，声断彩弦中。"元好问《月观追和邓州相公席上韵》诗句："露凉惊夜鹤，风细咽秋蝉。"清张鸿基《有感》诗句："风鹤惊露犹传奥，水犀军复合天津。"

典故就是诗文中引用古代故事和前人用过的词语。一般分为事典和语典。事典里包含着一个故事，如以上的"乘轩鹤""辽东鹤"等均取用的是事典，都有一个生动形象的故事，且意味深长。语典比较简单，即对前人用过的词语进行引用。不过，有的完全搬用一字不易，有的融化诗句，进行变化组合。诗文中对于"鹤立鸡群"典故的引用即属于事典。南朝宋刘义庆《世语新说·容止》中记载："有人语王戎曰：'嵇延祖卓卓如野鹤立在鸡群。'答曰：'君未见其父（嵇康）耳。'"大意是，有人对王戎说，嵇延祖在人群中像鹤立鸡群，很突出。王戎答道：你们还没有见到父亲呢，他更是突出。后遂用此典形容仪表出众或才能品质高于常人。唐李群玉的诗句"昨日朱门一见君，忽惊野鹤在鸡群"，杜甫的诗句"出众皆野鹤，历块匪辕驹"，苏轼的诗句"萧然野鹤姿，谁复识中散"，李商隐的诗句"嵇鹤元无对，荀龙不在夸"，元耶律楚材诗句"节操鸲雏捐鼠饵，风神野鹤立鸡群"等，都是借对野鹤的赞美，来赞颂自己所敬爱的人和某种优良品格。

这则典故故事性不强，重要的是其中延伸出的词语"鹤立鸡群"，李群玉和耶律楚材都只省略了一个字，基本搬用了"野鹤立在鸡群"原典之句，其他诗句引用此典则字词均变化多端。

在唐朝初叶，有两则典故较为著名。一则是"猿鹤沙虫"，一则是"骑鹤上扬州"。"猿鹤沙虫"典出欧阳询纂修的《艺文类聚》所引《抱朴子》文："周穆王南征，一军尽化，君子为猿为鹤，小人为虫为沙。"说的是周穆王南征战后，君子变成猿变成鹤；小人变成虫变成沙。后遂用"猿鹤沙虫"等称官兵，多指因战争而死亡者；用"化猿化鹤"等称将官及有才德的人；用"沙虫"等称普通人，亦称乌合之众及芸芸众生。由于《艺文类聚》是唐朝建立第四年至第六年就成书了，所以此典在浩繁的唐诗中得以被广泛引用，以后历代也多被引用。李白的"君子变猿鹤，小人为沙虫"和庾信的"小人则将及水火，君子则方成猿鹤"诗句，苏轼的"不随猿鹤化，甘作贾胡留"诗句，韩愈的"穆昔南征军不归，虫沙猿鹤伏以飞"诗句，黄遵宪的"螟蛉蜾蠃终谁抚，猿鹤沙虫总可哀"和"糜尽虫沙剩猿鹤，拭干残泪说闲情"等诗句都是用此典抒情写志的。"骑鹤上扬州"典出唐无名氏《商芸小说》："有客相从，各言所志，或愿为扬州刺史或愿多赀财，或愿骑鹤上升。其一人曰：'腰缠十万贯，骑鹤上扬州。'欲兼三者。"其意为，几个人在一起各言其志，有的想做高官，有的想发财，有的想骑鹤上天成仙，其中一个则想做官、发财、成仙三者兼而有之，比鱼和熊掌兼得更甚。后借以讽刺比喻贪求妄想。苏轼的"若对此君仍大嚼，世间那有扬州鹤"诗句，赵翼的"想仍水击三千里，岂羡腰缠十万钱"诗句，黄遵宪的"缠腰更骑鹤，辟俗还食肉"等诗句，都是引骑鹤上扬州的典故来讽刺人中之贪婪、妄想者的。白朴的词句"谁能十万更缠腰，鹤驭尽飘飘"，吴莱的诗句"试看营锁星歌鱼，何似扬州骑鹤年"，都是对"腰缠十万贯，骑鹤上扬州"幻想境界表现出的羡慕和向往。

从鹤典故的内容上看，多表现长寿等吉祥观念。在生产力水平低下，人的防病、抗病能力极差的古代，长寿是第一要务。旧时以鹤为长寿之仙禽，古人便多以鹤算、鹤寿为祝人长寿之语，因此在鹤的典故里，关于鹤寿的传说很多。比较著名的如鹤语天寒、龟鹤遐龄、鹤寿千岁、鹤发童颜等。"鹤语天寒"典故出自南朝宋刘敬叔《异苑》："晋太康二年冬，大寒，南州人见二白鹤语于桥下曰：'今兹寒，不减尧崩年也。'于是飞去。"尧是远古传说人物，与南朝相距几千年，用对话情节来说明鹤寿长，多知往事。如，唐崔湜《幸白鹿观

一琴一鹤图

应制》中"莺歌无岁月，鹤语知春秋"诗句，唐姚合《寄孙路秀才诗》中"潮去蝉声出，天晴鹤语多"诗句，唐刘沧《月夜闻鹤唳》中"临水静闻灵鹤语"诗句，明杨基《招鹤为薛复善赋》中"独招黄鹤归，静对黄鹤语"诗句，都是引用"鹤语"典故，以言岁月之长，表达人们对于长寿之鹤的羡慕和向往的。"龟鹤遐龄"典出自葛洪《抱朴子·对俗》："知龟鹤之遐寿，故效其道以增年。"对此典之引用可见于宋侯寘的《水调歌头·为郑子礼提刑寿》词句"坐享龟龄鹤算，稳佩金鱼玉带，常近赭黄袍"，金王丹桂的《瑶台第一层·崔大师生辰》"表长年，傲龟龄鹤算，永劫绵绵"词句。"鹤寿"典出自于《淮南子·说林》："鹤寿千岁，以极其游。"对此典之引用可见于唐王建的《闲说》"桃花百叶不成春，鹤寿千年也未神"诗句，宋韦让的《廷评庆寿词》"惟愿增高，龟年鹤算，鸿恩紫诏"词句。"鹤发童颜"成语说的是人发白如鹤羽，面容红润如儿童，形容年老健康之状。引用此典的诗词很多，如，唐田颖《梦游罗浮》诗句："自言非神也非仙，鹤发童颜古无比。"元好问《念奴娇》词句："幕天席地，瑞腊香浓歌沸。白纻衣轻，鹤发童颜照座明。"清陈维崧《贺新城王太翁七十》词句："飘然鹤发，翛然鸠杖。"清吴梅村《寿嘉定赵侍郎》诗句："鸡黍鹿门高隐，衣冠鹤发衰翁。"清袁枚《黄鹤楼看雪》词句："骑上鹤发翁，鹤翅休蒙胧。"

前人使用事典有诸多方法，主要是正用和反用，明用和暗用。"正用者，故事与题事相同是也。"即故事本身的意义与诗文中所表达的思想情感一致。反用，是"引故事，反其意而用之"。明用典故，即借古明今。不过，前人诗文用典不太欣

琴鹤图

赏明用，而赞赏暗用。暗用典故，用了典故和没用典故一样，无斧凿痕迹。如，在浩瀚的黄鹤楼典故中，典故的几种用法都有人使用。

古人认为鹤是仙物，所以在鹤的典故里所表现内容涉及神仙的很多，其实，这一观念的本质仍是长寿问题。如杳如黄鹤、鸾凤为群、鹤为仙人取箭等典故。"杳如黄鹤"典故出于南朝梁人任昉《述异记·卷上》："荀瓌憩江夏黄鹤楼上，望西财有物飘然，降至霄汉，俄顷已至，乃驾鹤之宾也。鹤止户侧，仙者就席，羽布虹裳，宾主欢对。已而辞去，跨鹤腾空，杳然而灭。"在黄鹤楼诗词中影响最大的就是崔颢的《黄鹤楼》："昔人已乘黄鹤去，此地空余黄鹤楼。黄鹤一去不复返，白云千载空悠悠。晴川历历汉阳树，芳草萋萋鹦鹉洲。日暮乡关何处是，烟波江上使人愁。"此诗气韵高妙，堪称绝唱。前四句其中三句里有"黄鹤"字样，但却让人不觉得重复，反倒加深了世事茫茫之感。后四句就登楼所见，结出怀乡之思。宋代严羽在他的《沧浪诗话》中评价："唐人七言律诗，当以崔颢《黄鹤楼》为第一。"相传李白至武昌登黄鹤楼见此诗发出了"眼前有诗道不得，崔颢题诗在上头"的慨叹，并为之搁笔。但实际上像李白那样的大诗人登黄鹤楼岂有不题诗之理，只不过世人以此来盛赞崔诗之美妙罢了。仅在《黄鹤楼集》里就收有李白八首以黄鹤楼为题材的诗，其中《黄鹤楼送孟浩然之广陵》绝句被广泛流传。这些，都说明了黄鹤楼作为名楼之历史文化源远流长。

至元代沈晖的《登黄鹤楼》中还有"眼前有景还堪赋，莫道崔诗在上头"诗句，说明人们对黄鹤楼的吟咏始终没有停止。据统计，从南北朝到清末，吟咏黄鹤楼的诗人有400多，诗篇有1200多首。人们多用此典赞美黄鹤之仙气和汉口段长江景色的壮丽，这一类诗词多是反用黄鹤楼典，因为崔颢的《黄鹤楼》诗表达的是一种迷茫惆怅之情，而这些诗句所表达的情感都比较明快舒畅。如，明雷贺《春日宴集黄鹤楼》中的"鹤去何年尚有楼，芳辰风景趁奇游"诗句，明唐锦中《登黄鹤楼步前韵》中的"明楼秀句两争雄，千载崔诗今再见"诗句，都是将两者同咏并诵的。引用杳如黄鹤之典，以仰慕鹤迹仙踪的也很多。如，宋黄伸《黄鹤楼》诗句"乘鹤仙人去不回，空名黄鹤旧楼台"，明陈雍《寄题黄鹤楼和西涯韵》诗句"仙人骑鹤去不返，千载令人仰楼阁"，清陈銮《黄鹤楼》诗句"江汉仙踪黄鹤杳，齐梁春梦紫云迷"。而近代黄侃的《登黄鹤楼故址》诗句"玉杖独来楼已圮，空闻乘鹤去瀛洲"，就只剩下对这个传说无奈的感慨啦。但到了清末却出现了对此典故质疑的诗句，反用中又有暗用。即管学洛《黄鹤楼》中的"岂有神仙能不死，是谁诗句合长留"诗句。诗句中所抒发的思想情感与典故之原意截然相反，而从用词中又看不出黄鹤楼典故的痕迹，却引人深思，余味无穷，此乃高手。

"鸾凤"典故将传说中与龙具有同样地位的凤凰与鹤相提并论，显示了鹤的地位之高。鸾凤典故出自《相鹤经》，其中有鹤与"鸾凤同为群，圣人在位则与凤凰翔于甸"之说。后以鸾凰、鸾凤、鸾鹤喻鹤，指代鹤。宋张耒《夏日五言》中的"檐楹来燕雀，鸾鹤自山林"句，宋许月卿《暮春联句》中的"秋光宦情薄，鸾鹤啸声同"句，金元好问《寄辛老子》中的"为慕鸾凰安枳荆，悔将猿贺入京华"句，清潘耒《登黄鹤楼》中的"江山清旷殊可乐，停鸾驻鹤相徘徊"句，清简能《黄鹤楼》中的"仙鸾黄鹤归何处，渔艇青灯唱不回"句，均是在与其他生物的对比中和在特殊景物的衬托中写出了鹤不同寻常的神姿仙态的。

"鹤为仙人取箭"典故出于《后汉书·郑弘传》注引孔灵符的《会稽记》，相传会稽山的山南有白鹤山，山中有鹤为仙人取箭。东汉太尉郑弘年少时曾入此山采薪，拾回仙人遗箭。神仙感激郑弘，便以风帮他出入若耶溪。宋吴淑《鹤赋》中的"游卫国而乘轩，向耶溪而取箭"句和汤显祖《疗鹤赋》中的"或取仙人之箭，或寄西王之札"句，是对此典的引用，从中可以看出，能为仙人取物送物的鹤，其本身就有着神仙之功力。

把鹤作为仙物的典故，还有《拾遗记》中群仙驾龙乘鹤游戏于昆仑之昆陵的神话；有周穆王"射鹿于林中，乃饮于孟氏，爰舞白鹤二八"之记载；有汉章帝至岱宗烧柴祭天后"白鹤三十从西南来，经祭坛上"的传说；有"会稽雷门鼓中有鹤，故鼓声可远闻洛阳，后鹤飞出，遂无远声"之故事。宋吴淑在《鹤赋》中对这些典故多加综合引用："孟氏周王之饮，岱宗汉帝之坛"；"亦有饮巨蒐之献，玩昆仑之舞"；"辞吴市而喧阗，出雷门而轩煮"。

对于鹤，人们非常羡慕，以至于听到其声音，想到其形象都会产生许多美好而深切的情感。如，华亭鹤唳、别鹤操、王恭鹤氅等典故。"华亭鹤唳"典出于《晋书·列传·陆机》："陆机被谮，临刑前，对牵秀说：'今日受诛，岂非命乎？'……既而叹曰：'华亭鹤唳，岂可复闻乎？'遂遇害军中，时年四十三。"对于做官遭难后悔已晚的陆机来说，能闻一声鹤唳，以此来抒发思乡念土、眷念人生之情已不可得。很多诗人都愿意引用此典来抒发自己的郁闷悲叹之情。如，李白《行路难》："华亭鹤唳讵可闻，上蔡苍鹰何足道？"李商隐《曲江》："死忆华亭闻鹤唳，老忧王室泣铜驼。"钱起《画鹤篇》："炉气朝成缑岭云，银灯夜作华亭日。"张养浩《沉醉东风》："李斯有黄犬悲，陆机有华亭叹。"刘筠《鹤诗》："碧树阴浓钏砌平，华亭归梦晓颜惊。"刘禹锡《酬太原令狐相公见寄》："鹤唳华亭月，马嘶榆塞风。"《和裴相公寄白侍郎求双鹤》："皎皎华亭鹤，来随太守船。"刘克庄《贺新郎·二鹤》："此老生平哀大陆，到末梢，始忆华亭鹤。"金元好问《浩然师出围城赋鹤诗为送》："辽海故家人几在，华亭清唳世空怜。"

　　"别鹤操"典故产生于汉以前。相传商陵牧子娶妻五年无子，父兄要他休妻改娶。牧子因作悲歌，后人为此歌谱曲，即为有名的乐府《别鹤操》。可见于唐骆宾王《送王明府参选赋得鹤》"离歌凄妙曲，别操绕繁弦"诗句，庾信《鹤赞》"松上长悲，琴中永别"赋句，唐郑谷《赠富平李宰》"夫君清且贫，琴鹤最相亲"诗句，唐元稹《听妻谈别鹤操》"别鹤声声怨夜弦，闻君此奏欲潸然"诗句，白居易《雨中听琴者弹别鹤操》"双鹤分离一何苦，连阴雨夜不堪闻"诗句，诗人们多用鹤别之状来写夫妻恩爱之情。

　　"王恭鹤氅"典故，说得是晋代人王恭，美姿仪，尝披鹤氅，涉雪而行。如，唐李縠《和皮日休悼鹤》："料得王恭披鹤氅，倚吟犹待日中归。"清王樨《雪泊黄鹤楼下》："行披鹤氅身犹冷，吹落梅花意更幽。"用鹤羽色之洁白来烘托人之

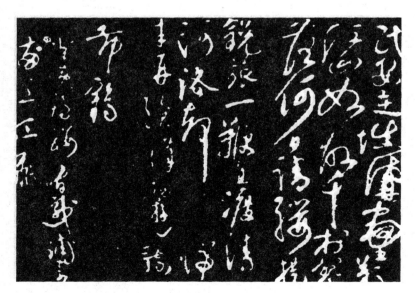

黄鹤楼词石刻　宋　岳飞

美仪．使人更加飘然美逸。

　　人与鹤的关系，其实就是人与自然的关系，是一种和谐共生的关系。这在鹤的典故里被表现得很充分。如梅妻鹤子、鹤谢吴主等。"梅妻鹤子"典出于宋沈括《梦溪笔谈·十》之记载：林逋字君复，杭之钱塘人。……结庐西湖孤山。……逋不娶，无子，所居多植梅蓄鹤，泛舟湖中，客至则放鹤致之，因为梅妻鹤子云。林逋还用他的不朽诗作《山园小梅》加大了他的影响。后人多用这则典故表示隐居或清高。如，金周权《题徐仲晦水墨图》诗句"西泠桥畔黄昏景，船头鹤梦风吹醒。"清龚渤《梅花》诗句"诗寻野寺来孤鹤，酒望青帘挂远村。"清王启曾《念奴娇·忆梅》词句"放鹤亭空孤屿杳，愁听杜鹃啼苦。香动昏黄，影横清浅，好诵逋仙句。"人与鹤的亲密关系，形成了互为报答的关系；人对鹤好，鹤也会对人好。宋人周密对林逋之为人作事极为推崇，对他的诗词、事迹典故烂熟于心，他在《木兰花慢》词中"自放鹤人归，月香水影，诗冷孤山"的描述，将林逋孤山放鹤咏梅名句典故暗用得天衣无缝，不露痕迹，将崇拜之情表达得淋漓尽致。梅妻鹤子是人对鹤好的典故，还有一则"鹤谢吴主"典故则是说鹤报答人的。

　　"鹤谢吴主"出自晋葛洪《神仙传》：介象曾学道于东山。受到吴主的尊敬。介象死后，吴先帝以其住屋为庙，经常祭祀，见有白鹤集于座上。

　　鹤的传说多推崇人性的雅致高尚。在这个主题下的典故，琴与鹤往往被结合到一起，因为二者都是高雅之物，往往共同颂扬风雅。而相反的行为如"焚琴煮鹤"则被作为伤风败俗的勾当而被古人所不耻。在咏鹤诗词中出现的琴，都是与鹤一起表达高雅不凡的。如，唐白居易《乌赠鹤》，"我每夜啼君怨别，玉徽琴里忝同声。"《鹤答乌》："吾音中羽汝声角，琴曲虽同调不同。"明解缙《题松竹白鹤图》："乘轩肯受淇澳侮，携琴羞与西山将。""援琴招鹤"典故出自《韩非子·十过篇》，记载晋平公听师旷援琴事。师旷为春秋晋乐师，生而目盲，善辩音乐。师旷援琴之声可招来白鹤。与此典寓意相近的还有"吹箫集鹤"典故，也是写音乐与鹤的关系的。《列仙传》记载：萧史善吹箫能够使孔雀、白鹤集于庭。

"一琴一鹤"典故与师旷"援琴招鹤"典故虽然典意不同，但所蕴涵的情趣是一致的。"一琴一鹤"典故出自宋沈括《梦溪笔谈》之记载：宋赵抃任成都转运使，到官时随身只带一琴一鹤。后以琴鹤相随赞为官清廉。引用此典的诗句不少，如，唐郑谷《赠富平李宰》："夫君清且贫，琴鹤最相亲。"唐陈陶《送谢山人归江夏》："携琴一醉杨柳堤，白暮龙沙白云起。"宋苏轼《题李伯时画赵景仁琴鹤图》："清献先生无一钱，故应琴鹤是家传。"

鹤的典故从内容上看还有多则是表现孝道亲情的，这和中国占几千年统治地位的儒教有关。如鹤吊陶母、鹤感孝心、吴王舞鹤、心肠寸断等。《晋书·陶侃传》载：陶侃"后以母忧去职。有二客来吊，不哭而退，化为双鹤，冲天而去"。干宝的《搜神记》也有类似的记载："哙参仁孝，很孝顺母亲，且曾救护白鹤，鹤双双衔珠而未去。"明汤显祖《疗鹤赋》："念酬环其莫展，欲衔珠而未去。"《南史·庾域传》记载怀宁太守庾域之母好闻鹤唳，域公务繁忙，切为母孜孜不倦地寻鹤。一日双鹤自来，人以为是受孝心所感而来。宋吴淑《鹤赋》："陶侃之墓头吊客，周穆之军中君子。" "吴王舞鹤"
典出《吴越春秋》：吴王阖闾之女死后，王令舞白鹤于吴市。
"心肠寸断"典故，说的是庐山某法师未出家时，曾射雏鹤，
母鹤自死，破视之，心肠寸断。庾信《鹤赞》暗用此典："相
顾哀鸣，肝心断绝。"

　　"鹤长凫短"典故是对鹤形象的一种回归，把鹤作为现
实中的生物来进行唯物辩证的思维。"鹤长凫短"典故出自
《庄子·骈拇》："凫胫虽短，续之则忧；鹤胫虽长，断之
则悲。"谓鹤长凫短，宜顺其自然，不可损益。用此典的诗
词如，宋吴淑《鹤赋》："至若比凫胫而为长，匪鸡群而可
乱。"宋孙觌《连雪苦寒》："破衾且作龟头缩，短裙愁牵鹤
胫长。"宋自逊《西江月》："心无
妄想梦魂安，百事鹤长凫短。"

　　美丽高雅的鹤引发了人们多少奇
思异想啊！以鹤为题材或与鹤有关的
典故，都是比较生动新奇的，它们的
共同点，都缘于人们对鹤的喜爱、颂
扬乃至崇拜。由于对鹤的喜爱过甚，
才有卫懿公让鹤乘轩之"壮"举；由
于对鹤形象品格之赞扬，才有君子猿
鹤，卓卓野鹤之赞辞；由于崇拜，才
有王乔骑鹤、辽东鹤、骑鹤上扬州之
神仙幻想。也正是基于对鹤的这种神
奇而美好的情感，古往今来的骚人墨
客都乐于将有关鹤的传说作为典故融

仙鹤（画像石）　汉

进自己的诗词，借以抒发自己的情怀。因此，鹤在很早就走进美术领地后，继而又阔步走进文学的圣地——诗坛。

无疑，诗文中的典故能够起到含蓄、委婉、洗练和联想等作用，恰当地使用典故可丰富词义，增强语言的表现力和艺术的感染力。从这些鹤的传说典故所起到的作用中，可以感受到诗词中不能没有典故，典故是诗词的画龙点睛之笔。鹤典故即是鹤文化中的珠贝，在诗词的海洋中将永远闪耀熠熠光彩。

赋鹤以赋

赋，是我国古典文学中的一种特殊体裁，它兼有韵文与散文之长。赋跻身于诗歌、散文、戏曲、小说诸种文体中并独树一帜。特别是汉赋，同唐诗、宋词、元曲等在中国文学发展史上具有同等重要的地位，与这几种文体一样，各领了一代风骚。赋从战国后期诞生，到汉代宣武时期走向繁荣的巅峰，以后几经演变，至宋末接近尾声，元明以后为赋者则寥寥。在为数不多的赋作家作品里，竟可以找到以鹤为主题或题材的若干篇。文人们把美丽的鹤写进了以铺采摛文、体物写志为主要特色的赋作中。那些鹤赋，其音节既富丽华美，又姿肆汪洋，使被描写的物种和文体吻合一致，达到了精致华美的艺术效果。

最早的鹤赋是西汉景帝时的文人路乔如所作。路乔如生于距今2100年时，只比中国第一部诗歌总集《诗经》出现的时间晚300年。路乔如的《鹤赋》是应汉景帝之弟梁孝王之请，游于忘忧馆而作。此赋词藻华美，被称为时豪七赋之一。在写了鹤的形象特征后，写了鹤的一系列动作——行走、跳跃、飞舞："举修距而跃跃，奋皓翅之。宛修颈而顾步，啄沙碛而相欢。"而后落脚于"赖吾主之广爱，虽禽鸟兮报恩。方腾骧而

鸣舞，凭朱槛而为欢"的歌舞升平的盛世风光。这篇赋表现了
汉赋的一个重要特点，即题材表现宫廷生活，有非常显著的颂
德倾向。这类赋一方面是赋家主动作赋进献，以求官职，而更
多的是奉诏或应制被动而作赋，但都得歌功颂德。《鹤赋》的
产生属后者。因而把鹤写得如同人一样知道为欢报恩，却避而
不谈鹤被羁绊的痛苦。而鹤赋也有体现汉赋另一个特点的，即
婉讽谲谏。也许赋家把文学的教化功能看得过于重要，把皇帝
都想象成从善如流的开明之君了。也许赋的抑扬之间的比例、
火候实在难以控制，结果欲劝反讽。总之，这种讽刺的结果，
都是很尴尬的。东汉顺、桓之际，横征暴敛，政治昏暗，崔琦
愤而作《白鹤赋》讽之，结果被朝廷"幽杀之"。

　　鹤赋最有名的一篇是南朝鲍照的《舞鹤赋》，此文特点是
美而不涩。一反晋宋时代文坛盛行的滥用典故之风，描写舞鹤
的姿势、动态、神情，多为直陈其事，极少用典。语句优美、
形象生动，颇有感人的艺术魅力。作者先描述了舞鹤的小史，
写它原也享有自由自在的生活，然后写鹤"以仙禽见羁"供人
玩赏的过程及心情。它不幸在"厌江海而游泽"时被捕捉了，
不免"岁峥嵘而愁暮，心惆怅而哀离"。接下来，转为铺叙舞
鹤的妙姿。这一部分，是此赋之主体和精粹，充分显示了此赋
的富丽华美之风格。请看作者对鹤舞之美淋漓尽致的铺陈：
"始连轩以凤跹，终宛转而龙跃"（开始时如凤凰一样步趋极
有节奏，终了时宛转盘旋，似龙一般腾跃），是写其丽姿；
"惊身蓬集，矫翅雪飞"（有时振翅腾空，猛力俯冲；有时动
作迅疾，好像飞蓬起落，矫健的翅膀恰似雪片翻飞），是写其
迅捷；"飒沓矜顾，迁延迟暮"（时而好似群飞，矜持地左顾

右盼；时而好似迈步，动作沉稳而迟缓），是写其神情；"长扬缓骛，并翼连声"（扬起长脖，轻轻奔跑，雌雄并翼发出和鸣），是写其妙音。把这整个舞蹈过程概括起来，即是"众变繁姿"（多姿多态，变化无穷），"态有遗妍，貌无停趣"（体态美艳，不停旋转）。在实态描摹的基础上，进而用对比衬托的手法，赞叹舞鹤之美的无与伦比。"当是时也，燕姬色沮，巴童心耻；《巾》《拂》两停，丸剑双止。虽邯郸其敢伦，岂阳阿之能拟！"在美妙的舞鹤面前，美丽的燕姬和善舞的巴童不免羞愧失色，著名的《巾》《拂》舞蹈和杂技也都停止退避，邯郸舞女和阳阿的艺技更不敢相比。这种对比手法，可与汉乐府民歌《陌上桑》中写罗敷之美的手法相媲美。《陌上桑》不直写罗敷之美，而是通过对"耕者忘其犁，锄者忘其锄"，"但坐观罗敷"的观赏者的行为描述来体现。《舞鹤赋》写鹤美，不着一个"鹤"字，却写尽了鹤舞之美。正当此令人玩味无穷之时，作者的笔锋却急转直下，然后全篇戛然而止。"守驯养于千龄，绪长悲于万里"（顺从主人的驯养直至千年，对着万里长空发出长声的悲吟），原来舞鹤并未因它的舞蹈天下无敌而神采飞扬，它清醒地知道，自己已失去了飞翔蓝天的自由，只是供人玩赏的工具，舞得再好又有什么用呢？因而不能不"悲"。一个"悲"字，与开头的"惆怅"相呼应，并再次点明了舞鹤的悲剧命运。此处的感染力极强。作者借舞鹤自况，抒发了处在南朝门阀制度下的作者才秀人微无处施展才华的苦闷和悲愤，表达了希望早日挣脱现实束缚自由飞翔的渴望。鲍照的《舞鹤赋》闻名，就在于这篇赋很好地体现了赋体体物写志的一大特征，还在于对以这种特征为主的咏物赋体传统的继承和创新。《舞鹤赋》在咏物赋作中是值得重视的一篇，近代章炳麟曾把《舞鹤赋》作为古今咏物赋的五篇代表作之一予以认可。而西湖孤山林逋放鹤亭内清康熙皇帝临摹明书法家董其昌的鲍照《舞鹤赋》碑刻，则是对其作品影响久远的一个重要明证。

较晚著名的鹤赋是明代王世贞的《二鹤赋》和徐渭的《画鹤赋》及汤显祖的《疗鹤赋》。汤显祖是在为大司徒王北海整理府藏典籍和著述时发现了其中关于疗鹤的记载的。王北海从御史迁大理时，途中遇到一只受伤的鹤，便带回家为其治疗，后来鹤羽翼丰满，竟不肯离去。汤显祖很有感触，遂"抽笔敬赋"。《疗鹤赋》先写了鹤受伤前作为仙禽生活的至善至美和至尊至贵，"夫何皓丽之仙禽兮，孕海隅之奇气。"被箭射中遇王公救治，尔后"弱骨重坚，殷痕再合"。本想与其他的鹤一起"霞肆群翔，云天永夏"，像其他鹤那样有所作为，"或取仙人之箭，或寄西王之札"，但它终究哪都没有去。最后赋拟鹤语，直抒胸臆："悲恋目以余羁，实秉心之维恕。""愿终惠于阶屏，永华生兮容豫。"此赋通篇都反映了儒家仁爱的伦理观念：王北海救鹤护鹤，是仁爱之举；伤鹤愈后宁肯不去过神仙生活，而终生陪伴恩人于阶屏前，仁爱之心更甚。而且，以古文体赋的形式写作却不拟古，通顺流畅，这正和了作者崇尚真性情，反对复古模拟的创作特点。

在众多的鹤赋中，有两篇鹤赋有许多相同点：同以白鹤为题，都比较短小，且两位作者又都在建安时期闻名。一位是"建安七子"的佼佼者王粲，一位是建安文杰"三曹"之一的曹植。二人同样的才华称冠，并称为"曹王"；又同样的诗赋兼善，文情并茂。王粲的《白鹤赋》只有几十个字，全文如下："白翎秉灵龟之修寿，资仪凤之纯精。接王乔于旸谷，驾赤松于扶桑。餐灵岳之琼药，吸云表之露浆。"此赋语言洗练，风格清新，集中笔墨写鹤作为仙禽的不同凡响处，借以暗喻自身高洁的情怀。曹植的《白鹤赋》更是通篇以白鹤自喻。"嗟皓丽之素鸟兮，含奇气之淑祥"，以白鹤的皓丽淑祥喻自身之才气横溢，卓然超群；"薄幽林以屏处兮，荫重景之余光"，以白鹤近幽林屏居，喻自己受迫害而独自幽居；"扶单巢之弱条兮，惧冲风之难当"，"共太息而只惧兮，抑吞声而不扬"（与朋友一同叹息而仅能提心吊胆啊，只有吞声咽气而不敢反抗），以白鹤的惊恐不安，喻自己受压迫的动荡悲苦；"冀大纲之解结，得奋翅而远游"，以白鹤欲振翅远游喻自己希望摆脱政治迫害，过平安自由的生活。曹植是曹操的第四子，在其兄继父王位后，受尽了曹丕、曹睿父子的迫害，11年中6次变更爵位，三次迁徙封地。因此他的后期作品所表露出来的是一种压抑、孤独的苦闷和心中理想无法实现的愤激情绪。《白鹤赋》的主题正是他后期那种强烈而复杂感情的集中体现。

王粲与曹植同样为白鹤作赋，但由于各自的境况不同，虽然都是以鹤自喻，而赋中所寄托、流露的情感却不同：前者顺畅豪迈，后者则压抑悲怆。但由于二人的才华相当，作品产生的艺术感染力便异曲同工了。两篇《白鹤赋》可谓鹤赋中的双璧，雅美而精粹。

在赋作品中，一些文人是以鹤为题作赋。还有一些文人是把鹤作为题材、素材引用到他们的赋作中，这说明了鹤形象在文人中影响的广泛和重要。

　　文人们赋鹤以赋，往往是通过对鹤的形象和鹤的精神的铺陈描摹来抒发和表达自己的某种情感的。对鹤的形象，一般是写形体的羽色、站立、鸣叫、飞舞和高翔等特点。被描写的多是白鹤和丹顶鹤。丹顶鹤和白鹤等鹤类是古老的物种，比人类还早6000万年，自从地球上有了人类以后，它们便与人类交上了朋友。丹顶鹤又名仙鹤，体态修长，体羽洁白，头顶红冠，形神俊逸，几乎集中了所有鹤类的一切美好特征。白鹤脸红眼黄，除翅尖覆羽是黑色外，全身羽毛洁白无瑕。白鹤与丹顶鹤一样，头颈和身体整个轮廓显示出优雅的曲线美。它们自古以来就被蒙上了一层神奇色彩，成为吉祥长寿的象征，并屡见于神话诗赋中，其社会意义很大，美学价值很高。赋家们写鹤的形象一般是先写其形体特点，如，路乔如《鹤赋》中的"白鸟朱冠，鼓翼池干"，鲍照《舞鹤赋》中的"精含丹而星曜，顶凝紫而烟华"和"叠霜毛而弄影，振玉羽而临霞"及"冠腥血之殷鲜兮，衣阳阿之纤缟"，都是写丹顶鹤的羽白冠赤的。尤其对羽色的形容十分形象，把其喻为"霜""玉""缟"。有些赋作则用白色的鹤羽来形容白发，所谓"鹤发童颜"是也。北周庾信在他的《竹杖赋》中让楚丘先生用"鹤发鸡皮、蓬头历齿"来形容自己容颜的衰败，以此来表明这正是国破苟生心中忧愁所致。宋杨万里在他的《归钦赋》里用"鹤发之垂垂兮，一嚬以劳予"，来描写白发渐渐稀疏的双亲，用微微一笑对他表示慰问的情形。鹤所具有的绅士风度，使它们的一振翅、一投足都惹人喜爱。三国魏曹植在《洛神赋》中的"竦轻躯以鹤立，若将飞而未翔"即是形容鹤立姿容之秀美的。

赋作中写鹤的鸣唳的居多。汉赋大家司马相如在其著名的《长门赋》中用"白鹤叫以哀号兮，孤雌峙于枯杨"（白鹤发出了悲哀的鸣声，失偶的雌鹤孤独地立在枯死的杨树上），来形容失宠的孝武皇帝的陈皇后形只影单可怜至极的状况，形象十分感人。唐张彦胜在他的《露赋》中用鹤与鸡的对比，来描写鹤的鸣叫："辽东之鹤中夜惊，日南之鸡凌晨叫"（辽东的

麻姑献寿（剪纸） 辽宁 岳文义

白鹤在秋天的夜露中分外警惕地惊叫，越南的雄鸡在凌晨的露水中鸣叫）。汉张衡《思玄赋》中的"鸣鹤交颈，雎鸠和鸣"句写鹤颈相依，彼唱此和；雎鸠水鸟，关关和鸣，以状和谐之貌。庾信把"风声鹤唳"和"华亭鹤唳"的典故用在了《哀江南赋》中。其句为："闻鹤唳而心惊，听胡笳而泪下，""华亭鹤唳，岂河桥之可闻？"用来表达他羁旅北朝，故园难回，感慨今昔，凄然伤怀的悲哀之情。清袁枚在他的《笑赋》里用了"华亭鹤唳"典故，用以嘲讽世俗。其句为："鹤唳思闻，莼羹想餐，不已慎乎？"其意为，临难之后再想听鹤的鸣叫，想辞官吃家乡的莼羹，这不已是颠倒错乱了吗？以上各赋写鹤

鸣，因为多从具有悲怆主题的鹤唳的典故中取典，因而，适于抒发一种哀伤之情。而取典于《诗经·鹤鸣》中"鹤鸣于九皋，声闻于天"的赋句的，则多表达高亢豪迈之气概。实际上鹤鸣之声可过及两千米之外。如，鲍照《舞鹤赋》中的"引员吭之纤婉"（张开喉咙发出纤细柔婉的叫声），明徐渭《画鹤赋》中的"长喙易渚，圆吭闻天"，宋吴淑《鹤赋》中的"若乃引员吭"。员者，通圆。员吭即婉转、滑润之长音，是赞美鹤鸣之美妙悠长的用词。

还有很多赋句是写鹤之远飞高翔的。南朝江淹《别赋》中的"驾鹤上汉，骖鸾腾天，暂游万里，少别千年"（骑上仙鹤升上河汉，驾上凤辇腾于天际，在天上短暂遨游可行万里，天上短暂的分别人间却已度过千年）。鲍照《舞鹤赋》中的"匝日域以回骛，穷天步而高寻"，汤显祖《疗鹤赋》中的"听远唳于层霄，耸素心于遥汉"，吴淑《鹤赋》中的"自西北而遥集，邈江海而遐举"，徐渭《画鹤赋》中"忽一举而追九万之翼，亦孤栖而养千岁之元"，都是写鹤高飞远翔的，但又都不直接写高写远，而是通过"驾鹤""匝日域""听远唳""遥集""遐举""追翼"等描写从侧面进行艺术的体现，可见艺术手法之高超。

而把鹤之鸣飞一起写，不仅对仗工整，而且使鹤的形象显得更为丰满。"指蓬壶而翻翰，望昆阆而扬音"（鲍照《舞鹤赋》），"翅如车轮，玄裳缟衣，戛然长鸣，掠予舟而西也"（苏轼《后赤壁赋》），"云拂澜而振翔，亦将啸而引吭"（徐渭《画鹤赋》），均是飞鸣并举之佳句。

文坛流传着一种说法，叫"文弱不能为赋"，这是针对赋这种文体追求文体铺陈、辞句丰富华丽的主要特征而言的，一般才疏学浅者便作不好赋。所以，整个汉赋只有六十多位作家，九百余篇赋作。赋家们真都是铺陈描摹的高手，他们写鹤的形象不仅可把鹤的显著特点写好，也能从细微人手，写出鹤一振翅一投足之美妙。如，"状委蛇以相逊兮，又彷徨而渐侣。首低徊其欲诉兮，臆块结而不得语"（明王世贞《二鹤赋》），"洒孤雪兮毰毸，顶殷荔而低昂"（徐渭《画鹤赋》），是写鹤长颈之低昂。"修距而跃跃"，"宛修颈而顾步"（路乔如《鹤赋》），"逞丹素以明姿，趾象虬而振步"（汤显祖《疗鹤赋》），是写鹤长足之行动。"凝仁娇矫，波间亭亭"（徐渭《画鹤赋》），是写鹤立之亭亭。

对鹤的精神的描写，往往集中在鹤的神仙之气上，以此来

团鹤图纹

表达对祥瑞美满的向往和追求。鹤为仙人所乘骑的传说始于王乔成仙骑鹤升天的传说。这个传说起源得早，流传亦久。《楚辞》中已有"吾将从王乔而娱戏"之句。《汉武帝内传》也记载孝武初生时王母下降，群仙数千的场面，其中有的仙人就是乘白鹤而来。另有一个典故，是说辽东人丁令威成仙化鹤的。吴淑在他的《鹤赋》中将这两个典故一起引用并为骈句："缑山识王乔之至，辽东见丁令之还，"使鹤的仙气更浓。有的赋直接赞美鹤为仙禽。如鲍照《舞鹤赋》中的"散幽经以验物，伟胎化之仙禽"。还有的把鹤与龙凤龟等其他祥禽瑞兽相提并论，来佐证鹤为仙禽。吴淑的《鹤赋》中有"既凤翼而龟背，亦燕膺而鳖腹"之句式，鲍照《舞鹤赋》中有"始连轩以凤跄，终宛转而龙跃"的对仗，王世贞《二鹤赋》中也有"华池亘乎莽旷兮，鸾凤拊翼而酬音"的描写。

有的赋者通过对鹤的精神的描写，表达高雅和闲适的情感。如，庾信《哀江南赋》中的"小人则将及水火，君子则方成猿鹤"句，唐贾嵩《夏日可畏赋》中的"爱其孤鹤片云，休影逸人"（喜欢那孤零零的野鹤和孤单单的云朵，树荫下隐逸之人的闲适逍遥）句。

赋，这种文体古老高雅而亮丽，能有这么多的鹤赋存在，真让人类为鹤骄傲。相信鹤物种与赋文体的融合，会使二者相映生辉，共同拥有一份久远的美丽。

文人笔下的鹤

　　鹤，早已作为一种传统文化受到历代各个层面国人的推崇，但是，文人对它却是情有独钟的，这也是中国几千年文学发展史上的一个特殊现象。热衷于驯鹤、养鹤、描摹鹤、吟咏鹤的著名文人不胜枚举。

　　文人爱鹤，必会用手中之笔写鹤。这样，就流传下来大批的咏鹤诗文。从西周至清代．有上百位文人写下近二百篇咏鹤诗文。文人喜爱以鹤喻己，通过对鹤的形容，来表达他们的心理活动。当然，这些文人的咏鹤之作的脉搏也必定随着时代而动。你看，历朝历代的鹤诗文无一不是在文人心态的流露中映照出时代的缩影，描摹出时代的风云变幻。

　　最早的咏鹤诗是产生于西周的《诗经·小雅·鹤鸣》，"鹤鸣于九皋，声闻于天"，赞美隐于原野而声音远扬的鹤，提示当权者起用他们这些似鹤一样的在野之士。

　　汉代的两篇赋，反映了文人完全不同的情感和时代风貌。路乔如的《鹤赋》为辞藻华美的颂德之作，赞美"白鸟朱冠""赖吾主之广爱，虽禽鸟兮报恩"，歌颂汉高祖的"与民休息"政策，促进了经济、社会的发展，形成了"文景之治"。而到了东汉顺、桓时期，梁冀专权，横征暴敛，民不聊生，崔琦愤而作《白鹤赋》，谏讽梁冀，"冀幽杀之"。

三国两晋南北朝时期，社会动荡不安，文学却繁荣发展。诗界出现了"建安文学"。建安七子之佼佼者王粲写下《白鹤赋》，其中有"餐灵岳之琼药，吸云表之露浆"句，是借鹤表达自己的秉性和操守。曹操父子三人被誉为建安文杰"三曹"，其中七步成诗的曹植在父死后遭到兄曹丕的迫害，他作有《白鹤赋》，赋中的"痛良会之中绝，遭严灾而逢殃"句，是他以鹤自喻而抒发的愤慨之情。

南北朝时期的杰出诗人鲍照，在门阀制度下，怀才不遇。他创作的《舞鹤赋》是写鹤的千古名篇。其赋用典丰富、文采飞扬，在对鹤的"守驯养于千龄，结长悲于万里"描摹感叹中，表达了自己的高尚情怀和不幸际遇。南朝"徐庾体"宫体诗人庾信，他的诗文集六朝之大成，开唐诗之先河。庾本仕梁，但在他出使西魏时，遇梁亡，遂留在魏。在《鹤赞》一诗中，他以"相顾哀鸣，肝心断绝；松上长悲，琴中永别"来表达他对故国深沉的离愁别绪。

唐朝爱鹤成风，文人墨客多爱养鹤，因此，赞鹤、别鹤、悼鹤的文人佳作很多，也更多地反映了唐代各个时期的社会面貌。唐初"贞观之治"百年间的文人鹤诗，多是歌舞升平、歌功颂德之作。李峤《鹤》中的"翱翔一万里，来去几千年"句，武三思《仙鹤篇》中的"莫言一举轻千里，为与三山送九仙"句，均是何等的豪迈！安史之乱使繁荣的盛唐时代结束，平庸的生活给诗人们的心灵留下道道创伤。崔颢在千古名篇《黄鹤楼》中的"黄鹤一去不复返，白云千载空悠悠"诗句和王建在《别鹤曲》中的"池边巢破松树死，树头年年乌生子"诗句所表达的失望和无奈可见一斑。晚唐帝国已腐败没落日薄西山，残酷的现实在诗人心中投下重重阴影：凄苦、悲怆、茫然。这一时期的鹤诗成了时代的悲歌。韦庄《失鹤》中的"应为不知栖息处，几回飞去又飞来"，杜光庭《题鹤鸣山》中的"人间回首山川小，天上凌云剑佩轻"，褚载《鹤》中的"欲洗霜翎下涧边，却嫌菱刺污香泉"，都表达了文人们出路断绝上下求索的满腹悲愤。

　　在鹤诗鼎盛的唐代，文人爱鹤也出现了许多佳话。一则是白居易与刘禹锡送鹤题诗的故事。新乐府运动的棋手、伟大的现实主义诗人白居易特别喜爱鹤，他的咏鹤诗有近三十首。刘禹锡也很爱鹤，他的咏鹤诗句"晴空一鹤排云上，便引诗情到碧霄"很著名。政坛失意的白居易意在洛阳买地置园养老，便从杭苏刺史任上带往洛阳一对鹤。途中与刘禹锡相遇，二人与鹤"闲玩终日"。可是不久被招回京，便把鹤留在洛阳。不久，刘禹锡罢和州刺史，返洛阳。一日，访白之故居，双鹤竟"轩然来睨，如记相识"。刘感慨为诗《鹤叹》，寄与白。后来，裴度向白乞鹤，在诗中保证"且将临野水，莫闭在樊笼"。白割爱以赠，又引出了一系列的咏鹤诗篇。白居易的《答裴相公乞鹤》《送鹤与裴相公临别赠诗》，刘禹锡和张籍亦和诗寄白居易和裴度。从中可见这些名士重臣们之间的深情厚谊和共同的高洁追求。一则是皮日休悼鹤的逸事。曾参加过黄巢起义的皮日休具有强烈的叛逆精神，在登进士第后游归苏州时买一鹤，但不足一年即得病而卒，这令其哀伤不已。便分别给好友陆龟蒙、张贲、魏朴、李谷寄诗悼鹤，四位好友——

和诗。一鹤之死，引起五位诗人同悼。皮日休的"辽东旧事今千古，却向人间葬令威"，张贲的"无端日暮起东风，飘散春空一片云"，陆龟蒙的"君不见荒陂野鹤陷良媒，同类同声真可畏"等诗句，无一不是声声血泪。他们在诗词的唱和中表达了共同的感受，对鹤的深情哀悼，对自身命运的悲怆感慨，其实也是对昏聩朝廷的愤慨抗争。

宋代的民族矛盾和阶级矛盾始终紧张，人世还是出世缠绕着达官显宦们，使得他们往往随着斗争的起伏而在宦海沉浮，很难施展抱负有所作为。而闲云野鹤素有隐士之喻，很多官宦文人便在养鹤赏鹤之活动中放松身心、寄托心情。因而产生了以鹤为妻、以梅为子"梅妻鹤子"的林逋和隐逸山林的张天骥等一批爱鹤的文人雅士。北宋诗文革新运动的倡导者和实践者苏轼与前贤范仲淹、欧阳修都是爱鹤之人。欧阳修的庭前养过两只白鹤，他做诗赞鹤，还与范仲淹、滕宗谅作有《鹤联句》。他们的心灵是相通的：范仲淹赞鹤"端如方直臣，处群良足钦"，欧阳修谓鹤"悠闲靖节性，孤高伯夷心"，苏轼直抒胸臆"天涯同是伤沦落，故山犹负平生约"，在这些赞鹤的诗句中，寄予了他们共同的人生理想。而苏轼的散文《放鹤亭记》记述的是他任彭城郡守时，其好友、爱鹤诗人张天骥在云龙山驯养鹤、建放鹤亭之事。文中盛赞鹤"清远闲放，超然于尘埃之外，故易诗以比贤人君子"，抒发了他的旷达和洁身自好之情。陆游和辛弃疾也多将鹤题材引入诗作，陆游的"谁向市尘深处，识辽天孤鹤"，辛弃疾的"因风野鹤饥犹舞，积雨山栀病不花"，都是郁郁不得志、怀才不遇心境的一种写照。

元明清三朝均是统一王朝，但已是封建社会的没落期，

松鹤延年（剪纸）

蒙、汉、满统治者采取各种手段，强化中央集权。这个时期文人的鹤诗词，都带有时代的明显烙记。金代文学家元好问借鹤诗句来抒发国破家亡、今非夕比的悲愤之情。《二月十五日鹤》中的"只从游骑突重围，城郭并与人民非。可怜睩殿荒园里，无复当年丁令威"诗句即是他沉郁心情的反映。明代爱国诗人于谦的《夜闻鹤唳有感》、文学家王世贞的《二鹤赋》、书画家徐渭的《画鹤篇》、戏剧家汤显祖的《疗鹤赋》也都是写鹤的名篇。清代文坛大家蒲松龄和曹雪芹也都在他们的代表作《聊斋志异》和《红楼梦》中有鹤形象的塑造，借鹤之口揭露科举之弊端，用鹤之命运预示封建大家庭不可逆转的衰亡，而湘云，黛玉"寒塘渡鹤影，冷月葬花魂"的联句实为精妙。

　　为什么古往今来有这么多的文人爱鹤写鹤？这首先应该是因为鹤的形象之美的吸引，因为文人都是善于思考、追求完美、感物言志的能手；进而是鹤文化的影响，由于人们赋予鹤的形神以愈加丰富的吉祥寓意和文化内涵，使鹤日益成为美的化身和精神的寄托，文人们在摹写鹤的同时，也得到了许多心灵的慰藉。

应该感谢这些咏鹤文人，从他们的笔下，我们可以领略鹤的风姿，领悟历代文人的心路历程，感知各个时代的风云变幻。

寿联鹤情

　　对联，也叫楹联、楹帖、对子。是我国独创的一种文学形式，是中国传统民俗文化中最能体现民俗文化形式和内涵的一种艺术形式，有着重要的社会功能和文学价值。对联是诗词形式演变的结果，以工整对仗、平仄协调的句式两两成对，其主题鲜明，形式生动，语言凝练，根植于人民群众之中。在中国，对联有着深广的历史渊源，被历朝历代上自文人雅士、下至平民百姓所接受、所喜欢，为弘扬中华民族传统文化，营造平和、亲睦、顺利、健康的社会氛围起到了独特的作用。

　　相传对联习俗始于后蜀主孟昶在

鹤寿团圆

寝门桃符板上的题词"新年纳余庆，佳节号长春"，此谓之题桃符。至宋时，遂推广用在对联上，后又普遍作为装饰及交际庆吊之用，并且有了详细的区分：欢庆春节时贴在门上的对联叫春联，旧时庙宇、寺院楹柱上贴的对联叫楹联，贺结婚时用的对联叫婚联，生子贺女、乔迁、出嫁等喜事用的对联叫贺喜联，祝贺寿辰用的对联叫寿联，哀悼死者的对联叫挽联，等等。总之，对联的书写内容多是吉祥喜庆的，而传统意念中的祥禽瑞兽奇珍异草便成了最为常用的素材。

鹤在祝寿联中出现得最多，而且往往与松对偶并用，主要取自松鹤所共有的吉祥长寿的寓意，可姑且将其称为"松鹤寿联"。民间传统观念认为，鹤寿千年，是象征长寿之物；松为百木之长，常青之树。松鹤组合在一起，表示祝贺长寿之寓意，亦称"松鹤长寿"，"鹤寿松龄"。因为古代生产力水平和医疗水平低下，人的寿命很短，因此，长寿成了人类最重要的人生追求。在中国民间用来概括人间幸福的著名吉祥观念"五福"（寿、富、康宁、攸好德、考终命）和"三多"（多寿、多福、多子）中，长寿总是排在第一位。关于长寿的憧憬很多：想象出一些虚拟的生物如龙凤，并创造出许多关于它们的长寿的传说；也选择一些现实存在的生物如鹤松，并将长寿的理想寄予其上。在古往今来浩瀚的对联之海中，松鹤成了寿联中被用得最多的题材，松鹤寿联如烟波浩淼。

松鹤寿联也可以作十分详尽的划分。按年龄划分，主要用于高龄之人，年龄在70岁以下的寿联中松鹤题材用得少，但也有，如，祝50岁寿："鹤寿添筹增加五福，凫趋祝嘏庆祝长春。"70岁以上分为70、80、90、100、100岁以上五个档次。

如，祝60岁寿："骏德遐昌龄周甲篆，鹤筹无算彩绚庚星。"祝70岁寿："鹤筹添算尊慈寿，兕酒称觥祝古稀。""祝90岁寿："九旬鹤发同金母，七秩斑衣学老莱。"贺百岁寿："鹤算添筹逾百岁，桑田成海度千秋。"按男女性别划分：男性多用松树、柏树与鹤配，女性多用萱草、桂花与鹤配。如，贺男寿联："青松树里千年鹤，紫色池边五彩云。"贺女寿联："鹤算添筹过百岁，萱花绚彩祝千秋。"祝贺夫妻双寿联："紫电辉煌双鹤寿，春风浩荡百花开。""鸾笙合奏华堂乐，鹤算同添海屋筹。""鹤发银丝映日月，丹心热血沃山河。"夫妻双寿也有分龄联，如，贺40岁双寿："鸿案相庄四十称庆，鹤筹合算八千为养。"贺70岁双寿："鹤算频添七旬览揆，鹿车共挽百岁长生。"贺80岁双寿："鸾笙合奏和声乐，鹤算同添大耄年。"贺90岁双寿："鸿案齐眉长偕伉俪，鹤筹添算即晋期颐。"

按季节月份划分来祝寿，每个季节所配的植物花卉有所不同。正月祝寿，会有梅花与鹤相配；秋天祝寿，会有丹桂与鹤相配。如，"名山梅鹤饶清福，春酒羔羊祝大年。""桂子飘香兕觥晋酒，春阴养寿鹤算添筹。"按祝寿对象的界别划分。如，对政界人士祝寿，往往带有琴棋书画的文人雅趣："官府即神仙饲鹤调琴培寿脉，叟童齐鼓舞扶鸠骑竹庆生辰。""策杖扶鸠善人征寿相，调琴饲鹤仙署驻长春。"对军人祝寿，往往表现如龙腾虎跃的威武之气："虎帐延厘铃辕日永，鹤筹添算海屋云深。""戎座扬威勋昭日月，鹤筹添算富享春秋。"为商界祝寿，往往要祝寿同祝发财："商界执牛耳，箕畴晋鹤龄。"对教育界人士祝寿，往往要祝寿同祝成材："宇宙大文章都自熊丸培养出，家庭新庆祝听来鹤算颂扬多。，"

通用的松鹤联不分年龄，一般性祝寿均可以用。如，"松龄竞岁月，鹤寿纪春秋。""野鹤无凡质，寒松有本心。""松高枝叶茂，鹤老羽毛丰。""青松有雪存松性，碧落无云称鹤心。""鹤算千年寿，松龄万古春。"等等。

有的祝寿联将松与鹤并用在一联里，或者在上联里或者在下联中，长寿吉祥物叠加出现，寓意更加鲜明。如，"活百岁松钦鹤慕，数一生苦尽甘来。""野鹤巢边松最古，仙人掌上雨初晴。""青松树里千年鹤，紫色池边五彩云。""水如碧玉山如黛，凤有高梧鹤有松。"

除了松树与萱草之外，祝寿楹联也有鹤与其他生物相配合使用的。比较多的是桃、梅、竹、兰、丹桂、椿、柏等植物和龙、凤、鹿、莺、鲤等动物。与龙凤等虚拟吉祥生物配合，是与中国传统文化中具有至高无上地位的祥禽瑞兽相提并论，更显示了鹤的文化地位，标明了鹤是现实生物中的吉祥物之最。如，"葭琯应时梅花祝寿，龙潜畅月鹤算延年。""龙彠回环旧奇象闰，鹤筹添算益寿延龄。""芬兰气味松筠态，龙马精神鸥鹤姿。""鹤舞千年树，凤鸣百尺楼。""口中从此称鹤杖，池上于今有凤毛。"鹤与之相配的其他生物也都是具有很高吉祥意义的生物。古人视鹿为吉瑞，《太平御览》引："鹿寿千岁。"鹤与鹿配用："万寿颂无疆鹤算频添数不尽人挠甲子，百年征偕鸠鹿车常挽自应称陆地神仙。""鹤算同添华堂笃祜，鹿车并挽寿宇长春。""鹿啖灵芝秀，鹤巢瑶岛深。"桃为甘果，其花、其果、其木皆寓吉祥观念，桃木辟邪由来已久，《太平御览》引："桃者，五木之精也。"鹤与桃配用，

"鹤祥百寿，盘献双桃。""璇阁年华蟾圆一度，瑶池桃实鹤算千秋。"鹤与柏树梅树配用，"柏节松心宜晚翠，童颜鹤发胜当年。""名山梅鹤饶清福，春酒羔羊祝大年。"而在一些寿联里，鹤更被以神仙相待，是对其仙鹤地位在楹联中的一种认证。如："日驻蓬壶驹留余晷，星回萱记鹤纪仙筹。""洞里乾坤延鹤算，壶中日月访仙家。"

有的对联巧用典故。在祝寿联里用得较多的典故是："鹤语""鹤寿"等。古人以鹤为长寿之鸟。后因以"鹤算""鹤寿""鹤龄"为祝人长寿之词。"鹤

鹤禄寿（剪纸）　山东　刘玉麟

福禄寿（剪纸）　辽宁

算"又常常与"添筹"融会在一起并用。如"鹤算添筹逾百岁，桑田成海度千秋。""凤纪调元春水萱室，鹤筹添算庆溢兰陔。""鹤语"一典出自南朝宋刘敬叔《异苑三》，言鹤寿长多知往事。此典之寿联如，"松龄长岁月，鹤语记春秋。""萱花长岁月，鹤语记春秋。"成语"鹤发童颜"，是指发自如鹤羽，面容红润如儿童，形容年老健康之状。如，"志大年尊一身干劲，童颜鹤发满面春风。""翠柏苍松寿者相，童颜鹤发古稀年。""还有取自其他典故的联，取自"老莱子娱亲"之典，"九旬鹤发同金母，七秩斑衣学老莱。""鹤算添筹杏仙上寿，鲤庭舞彩莱子承欢。"取自西王母蟠桃会之典，"海屋仙筹添鹤算，华堂春酒宴蟠桃。""西王岁计三千鹤算延龄桃结实，大母年逾九六鸟私终养李陈情。"取自周礼七十岁以上"掌献鸠以养老"之典，"如杖鸠扶人歌上寿，筹添鹤算天与稀龄。""仙赐蟠桃人歌献寿，国尊鹤杖天与遐龄。""人国正宜鸠作杖，历年方见鹤添筹。"取自《诗经》"芄焉得谖（萱）草？言树之背"。以萱草、萱堂为母亲或者母亲居处的代称。如"鹤算添筹瑞凝萱室，兕觥晋酒雅谱兰陔。"

但是，不同的贺庆对象所选择的动物和植物是不同的，如婚联多用凤凰、鸳鸯，祝贺乔迁之喜往往用祥云瑞彩宝气等自然景观，祝寿则多用寓意长寿的松与鹤等动植物。当然，所用题材并不截然分开，有时，往往是相互交融的。如，仙鹤松树这些题材，在寿联中用得最多，在婚庆联中也时有出现，如婚联"青松枝头白鹤为偶，紫竹园里翠鸟成双"。松鹤题材在贺宅第门庭的联中也有出现："杰地仍幽水如碧玉山如黛，新居不俗凤有高梧鹤有松。""静向庭中看鹤舞，闲向户外听莺歌。"等等。

　　仙鹤，这个被古往今来的华夏子孙用吉祥理念共同塑造起来的仙物，在对联中，尤其是在寿联中翩翩翱翔，挥发出无边的祥光瑞彩。这些有着鹤的形象至善至美的对联，必是对联海洋中最为光彩夺目的那一部分。

书联鹤影

　　对联的雅俗共赏大约是从春联开始的。对联从五代时期开始出现，到宋代升格推广，适用范围十分广泛，但以镌刻在楹柱上为主。因此，对联出现伊始，本附会于时令民俗、园林景观，或诗文绘画等。历经演变，当对联和条屏等形式出现以后，才标志着书法从实用中解脱出来，真正走入艺术的殿堂。明清中后期在苏州一带渐渐出现了书写在纸上或绢上、悬挂于文人书斋或专供把玩的对联书法。对联逐步与实用的楹联、春联：等拉开了距离，成为一种专门以艺术欣赏为目的，表达文人情趣的一种书法形式。在清中叶至民国年间，书法对联得到了充分的发展，尤其成为了众多书家表现的媒介。而随着"扬州八怪"的兴起，形成了对联书法史上的一个小高峰。对联书法，成了颇具中国文化趣味的一种艺术形式，深受人们的喜爱，至今仍极受欢迎，是最流行的书法样式之一。无论是宫院官署，府邸大宅，还是梵宇道观，酒肆茶楼，无不悬挂，随处可见。尤其是既善文又善书的文人雅士，对于对联书法更是情有独钟，得心应手，多自撰自书联语，悬之于堂。既自身把玩清赏，又可向外人显示气韵品位。

对联书法可以视为清代书坛的特色之一。从字体上来说，行书、隶书和篆书是运用得最频繁的。因为明末清初甲骨文和简帛出土，对联书法中还出现了甲骨文和简帛两种书体的对联。现在所能见到的那个时期的优秀作品极多，对当代书家影响很大，致使各种书体兼备，书家各领风骚。从内容上说，或颂君恩祖德，或自标榜清高，或书警句格言以自勉，或书清词丽句以为赏，或发感慨，或寄幽思。从题材上来说，风花雪月、祥禽瑞兽、名山大川，等等，皆可入联。

而被书写入联最多的生物则是鹤。可能鹤的清远闲放、雅淡风流，正投合中国文人历来追求的"清水出芙蓉"不事雕琢的朴素审美观和创作需要。因此，鹤的翩翩丽影在书法对联中便随处可见。

与鹤搭配最多的必定是松树，因为鹤与松很早就都被赋予品质高洁和生命长久之相同寓意，二者均是中国传统观念中最重要的吉祥物。松鹤书联往往都是表达长久、长寿之意。如，"大笔纵横癫张碎素，名山高卧鹤骨松心。""有鹤松间古，无华地亦春。""虎啸密林风万壑，鹤眠苍松月千岩。""柳媚华明，燕语莺声浑是笑；松号柏舞，猿啼鹤唳总成哀。"这些联均是鹤与松同在一联的，或同在上联，或同在下联，同举并立，烘托寓意。"青松雪地自能主，素鹤江天别有亲。""乔松倚壑，田鹤盘空。""唯有松杉空开月，更无云鹤暗迷人。""云鹤千年寿，苍松万古春。"这些联是鹤与松分在上下联中，形成对偶句式，很是工整对仗。

竹是"岁寒三友"之一。在形象上，亭亭有节；在寓意上，常青不凋。这与鹤有相似之处，因此，在鹤书联中，竹也常常相随出现，共同来表现高雅的气质和不俗的品格。如，"竹静堪居鹤，荷香欲醉鱼。""窗外疏竹筛月影，庭中闹鹤舞朝晖。""瘦竹老梅清高似鹤，苍松翠柏气壮如龙。""鹤矫云中，霞飞天半；竹明水际，松挺岩阿。"鹤竹联总是显得恬静高洁，这正是鹤与竹本质性的东西。

鹤的地位崇高，除了与现实生物松竹匹配入联外，还常与虚拟的神物龙凤一起入联。如，"刻鹤图龙总惭真体，得鱼获兔且忘筌蹄。""卧龙逸天趣，雏鹤得古风。""鸿飞鹤舞，凤翥龙翔。""云头对雨脚，鹤发对龙髯。""龙吟海外，鹤舞云间。"鹤与龙联，总是充满了动感，龙腾鹤跃是它们共同具有特征外在形象。

鹤很早就与道家结缘，也是道教赋予鹤以仙气。所以，在鹤书联中，往往也写观鱼烹茶的闲散生活，其中充满了逸趣禅心。如，"闲云留鹤步，澹月转华阴。""大鹏六月有闲意，老鹤千年无倦容。""院闭青霞入，松高老鹤寻。"郑板桥联句："洗砚鱼吞墨，烹茶鹤避烟。"金农联句："清如瘦竹闲如鹤，座是春风室是兰。"以上联句多用"老"来形容鹤，以示得道仙鹤寿命之久长。还有一些联句状写恬静闲适之态来表达修身养性之意，这些书联多将鱼鹤并写。如，"观鱼知道性，养鹤悟神心。""竹里敲诗随鹤步，池边鼓瑟与鱼听。""小浦闻鱼跃，横林待鹤归。""观鱼岁久浑同化，养鹤乔深不计年。""池为畜鱼多积水，山为养鹤半藏云。"而吴昌硕的联句饶有味道："独鹤不知何事舞，赤鲤腾出如有神。"

琴棋书画是密不可分的高雅艺术，也必然与具有高雅寓意的鹤相联系，因此，有不少写鹤与琴的书联，表达的是高人隐士的情趣追求。如，"尽有闲云留鹤住，尚余流水作琴声。""野鹤知琴意，山蜂识酒香。""琴清鹤自舞，花好鸟能歌。"其中，杨度的"抱琴看鹤去，枕石待云归"尤为雅致。而清叶济川联句"楼耸已千秋，玉笛梅花追以往；琴弹才一曲，白云黄鹤喜重来"则是一副题于黄鹤楼的著名长联。

还有的鹤书联体现了一些书家是把鹤仪鹤神作为修身立德基准的。从刘禹锡联句"静看蜂教诲，闲想鹤仪形"中可见其修身养性所达到的境界。陆游的鹤神联句是比较多的，体现了他的崇高精神追求。如，"万顷烟波鸥境界，九秋风露鹤精神。""沧海六鳌瞻气象，青天一鹤见精神。""寒海垅上发，仙鹤日边来。"

鹤书联中对典故的引用很多，这就使得书联之意境更深远厚重。如，对"腰缠万贯，骑鹤上扬州"典故和其他鹤为仙人乘骑之物典故的引用：邓石如的："画廉华影听莺语，明月萧声唤鹤骑。""羹对饭，柳对榆；骖鹤驾，待莺舆。"对"君子为猿鹤，小人为虫沙"典故的引用："世外鱼樵新结识，山中猿鹤旧交游。"黄庭坚对镇江文物摩崖石刻瘗鹤铭典故的引用："大字无过瘗鹤铭，小字莫作痴冻蝇。"对清廉之官赵抃赴任只带一琴一鹤典故的引用："三箭三人唐将勇，一琴一鹤赵公清。"关于苏东坡的典故联："鳌波静堤柳荫史传坡老千秋迹，白鹤归夭桃碧景媲西湖圣代功。"关于老聃的典故联："华暖青牛卧，松高白鹤眠。"将二者糅在一起的典故联："苏子泛舟，见白鹤东来赤壁；老聃避世，驾青牛西出函关。"

在楹联中被用得最多的是黄鹤楼典故。黄鹤楼楹联中著名的词汇要属"白云黄鹤""骑鹤仙人"和"玉笛梅花"等。明郭绍仪40言联句"画槛倚丹霞。将古今战争，新仇旧恨，都付白云卷去；高楼迎丽日。听江声笛韵，秋鼓暮歌，尽随黄鹤归来"，清胡林翼的联句"黄鹤飞去且飞去，白云可留不可留"，均为"白云黄鹤"之名联。清周斌的联句"楼可停云休跨鹤，才能搁笔亦称仙"堪称"骑鹤仙人"之名联。清彭玉麟的联句"心远天地宽，把酒凭栏，听玉笛梅花，此时落否？我辞江汉去，推窗寄慨，问仙人黄鹤，何时归来"，清胡翰泽的联句"一笛清风寻鹤梦，千秋皓月问梅花"均为"玉笛梅花"之名联。

寿字（剪纸）　湖北　张朗

清代关于黄鹤楼典故的书联很多。清杨寿春："问黄鹤，已成千古；唱大江，更上一层。"清曾衍东："楼未起时原有鹤，笔从搁后更无诗。"清纪以凤："楼又成矣，诗凭准续？鹤若返乎，笛定有声。"立意奇特，句式跌宕，都是吟咏黄鹤楼别具一格的名联。但是，引用此典故入联并创造了书联言长之最纪录的，是李联芳题武昌黄鹤楼联：

"数千年胜迹旷世传来，看凤凰孤屿，鹦鹉芳洲，黄鹤渔矶，晴川杰阁，好个春华秋月，只落得剩水残山。极目古今愁，是何时崔颢题诗，青莲搁笔；一万里长江几人淘尽？望汉口夕阳，洞庭远涨，潇湘夜语，云梦朝霞，许多酒兴风情，尽留下残阳晚照。放怀天地窄，都付与笛声缥缈，鹤影蹁跹。"

对林逋西湖孤山"梅妻鹤子"典故和对贾岛灞桥冒雪骑驴寻梅典故的引用也比较多。引用"梅妻鹤子"典故的书联：如，杭州孤山放鹤亭联："水清石出鱼可数，人去楼空鹤不归。""几树林莺三月暮，孤山梅鹤一身闲。""梅妻对鹤子，珠箔对银屏。""孤山看鹤盘云下，蜀道闻猿向月号。"引用骑驴寻梅典故的联句多与其他典故合用，使联句显得丰富而自然。如，"骑驴寻梅一天风雪，对竹思鹤万古云霄。""骑驴应为寻诗出，放鹤还知有客来。""曲径蜿蜒携鹤上，小溪清浅跨驴归。"

描写鹤形象的书联，一般都抓住了鹤的主要特征，或写其羽毛洁白，或写其舞姿优美，或写其飞翔凌云。如，写鹤翎羽的联句，明写白鹤实写鹤之白："山与

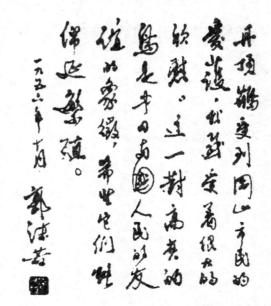

为《大自然》题词　郭沫若

苍松分秀色，人将白鹤等流年。""匣中一剑苍龙啸，石上孤松白鹤飞。""松荫白鹤闲庭步，柳暗鹦鹉跳枝飞。""松阴白鹤声相应，镜里青鸾影不孤。"写鹤舞蹈的联句："鹤从珠树舞，凤向玉陛飞。""鹤舞千年树，虹飞百尺桥。""鹤舞楼头，玉笛弄残仙子月；凤翔台上，紫箫吹断美人风。""绝鹤群雷舞，深山乱石春。"

写鹤飞翔的联句多与高天、云彩、大海相配，在展示鹤飞翔背景之广大高远的同时，也衬托出鹤高超的飞翔能力。如，"古鹤凌云九万里，长松拔地三千年。""鹏搏击水，鹤唳闻天。""云鹤有奇翼，八表须臾还。"一些联句则将海天一起入联，句式对仗、对偶，内容对应、对比。从而将鹤的翱翔描绘得淋漓尽致。如，"群鸿戏海，云鹤游天。""海为龙世界，云是鹤家乡。""飞鸿戏海，舞鹤遨天。"有的则用地上之俗物来对衬云间鹤的飘逸和高蹈。如，"谁识云间鹤，我怜浦上鸥。"

在书法对联里，鹤作为一种题材，得到了充分的表现。同时，浩瀚的书联之海中，因为有了翩翩鹤影往返飞舞而显得格外灵异生动起来。

鹤魂梅魄

　　中国古人喜欢把梅、兰、竹、菊合称为"四君子"。这实际上是文人"比德"的产物，即把花木所具有的某种特征，用人的某种道德情操去比附。从心理学上说，这是一种审美移情。从"比德"审美者的眼中所看出的自然便是人伦道德化的自然，也是情感化后的自然，也是文人鉴赏奇花异木独得的一份享受。文人往往通过对有所寄托的花木的诗词吟咏，来抒发和表达自己的爱憎情感。在对"四君子"的吟咏中，咏梅的诗词最多，文人们对梅的孤芳自赏、与世无争的高标异韵最为称道。这其中，有一个人起到了引领潮流的作用，即北宋初年的林逋。林逋是以不慕名利的高行和杰出的咏梅诗而名传后世的。林逋安贫乐道，终身不娶，以养鹤植梅为乐，人称其为"梅妻鹤子"。他的《山园小梅》中的"疏影横斜水清浅，暗香浮动月黄昏"一联被视为咏梅的千古绝唱。

　　因此，北宋以后，咏梅的诗词与松、竹、兰相比，成倍地增加起来。咏梅诗词这样的发展历程，也使具有同样品格的鹤与之结缘，在咏梅诗词中出现了大量共咏同唱梅鹤的作品。如，宋洪皓《咏梅》词句："不假施朱，鹤翎初试轻亚红。"

元唐肃《王三农画梅三首》诗句："无数瑶台鹤，凌风欲下来。"一个以羽翎初生的丹顶鹤的丹顶来映衬红梅之蓓蕾，一个是以鹤的白羽与白梅花瓣相携仿佛从瑶台而飘下。白梅与红梅都是梅中之极品，对它们的描写也难分上下。宋人叶菌的咏梅诗中就有"一白见真色，万红随后尘"的评价，将冰肌玉骨的白梅与红梅与仙姿仙态朱顶白羽的丹顶鹤放到一起，真是相得益彰，美妙以极。

在咏梅诗词中，出现了一些瘦鹤形象，但是，这里的"瘦"是对于遒劲有力、昂扬向上姿态的一种赞许。宋王安石修《浮丘公相鹤经》上记载："鹤之上相，瘦头朱顶。"可见，鹤的头"瘦"是形象上等的标志。而对梅的品评，也以"瘦"为美，如，宋戴昺的《采梅》词句："格瘦诗难写，香寒酒易空。"宋陈亮的《梅花》诗句："疏枝横玉瘦，小蕚点珠光。"清吴碧的《梅花》诗句："三分冷艳十分香，瘦影天然好。"均是赞美梅瘦之美的。宋虞俦《腊梅》词既是将梅枝和鹤体之瘦并写，渲染出梅鹤的不凡姿态："色染莺黄，枝横鹤瘦，玉奴蝉蜕花间。"明宋匡业的《庭梅》诗句"瘦应同鹤立，清似畏人知"，清陈文述的《渔歌子》词句"携瘦鹤，送飞鸿。万梅花下一孤篷"，清冯登府的《斋中盆梅红椒方破》词句"瘦鹤不曾离。守着南枝。故园虽好未能归"，都不失为吟咏梅瘦鹤瘦之佳句。

鹤的超凡的生理特征，使其格外地能歌善舞和高飞远翔，因此，鹤鸣、鹤舞，鹤的飞翔，是鹤美好形象的重要特征，为古往今来的人们争相描摹，在咏梅诗词中出现的鹤也自然成为了人们歌咏的对象，但因为隐逸心理追求静谧，鸣鹤形象相对少一些，写鹤飞舞的要多一些。如清谢浣湘《梅花寄弟》诗句："和雪满山天欲晓，数声老鹤四无人。"用"数声"间写鹤鸣，很妙。宋陆睿《梅》词句："盟鸾心在，跨鹤程高。"元贡性之《题梅》词句："朔风扑面冻云垂，引鹤冲寒出郭迟。"清钱牧《题绕屋梅花图》词句："门前翠羽一群群。一只鹤，一窝云。瘦煞扬州月二分。"清陈维崧《咏绿萼梅》词句："最怜他，不甚分明，飞破潇湘白鹤。"用"朔风"引鹤舞，用云彩伴鹤飞，把鹤的飞舞写得有形有样。

鹤的回归当然也是飞舞的一种。元王冕《梅花屋》诗句："花落不随流水去，鹤归常带白云来。"清郭步韫《梅花》诗句："霁雪长亭鸦去远，寒天小院鹤归迟。"清吴翌凤《落梅》词句："缟鹤空归，一片藓痕迷绿。"清蔡鸿燮《探梅》词句："怕夜深，归鹤未相逢。"清夏昆林《遂园赏梅》词句："一痕玉照清辉影，看闪闪，带来归鹤。"写鹤归，一般不写其飞舞的姿态，只用一个"归"字就可了得。

在咏梅的诗词中，因为有鹤的介入，往往会引用一些与鹤有关的典故。宋赵必璩《饯梅》："聚能几日，匆匆又散，骑鹤西湖。"出自"腰缠万贯，骑鹤下扬州"之典，言人之贪欲。清周天麟《万梅花屋填词图》："尽让他，鹤守天寒，那管咏花人独。"出自"鹤语天寒"之典，言鹤寿长久。宋周紫芝："幺凤不传蓬岛信，杜鹃空办鹤林秋。"清陆蓉佩《腊梅花》：独鹤也应闲守，想浩腕轻攀，冷香盈袖。取自于《续仙传》记载，润州鹤林寺有丈高杜鹃一株，寺僧以饰花院，见有女子游花下，或疑为花神。

传说，孟浩然曾在漫天风雪中骑着驴子到灞桥去寻梅。

因此，在关于梅花的典故中，孟浩然的"骑驴寻梅"与林逋的"梅妻鹤子"齐名。因此，咏梅的诗词，常常用此典，如，清顾王烈《梅花》："册载明湖栖鹤老，万山晴雪寒来迟。"即典出孟浩然骑驴踏雪寻梅事。但还是用林逋梅妻鹤子典的诗词居多，而且是多方位取典。后人为了纪念林逋，特意在孤山建了放鹤亭，因此，在引用林逋之典时，人们往往直接道出"放鹤亭"来。如，清叶申芗《春初雪中探梅孤山》词句："冲泥放鹤亭前，纵望湖山毕白。"清王启曾《忆梅》词句："放鹤亭空孤与杳，愁听杜鹃啼苦。"清宋璠《探梅》词句："有客招来吟伴，记放鹤亭边，疏枝细数。"因为林逋蓄鹤植梅在孤山，所以有人取"孤山鹤"典，或直写鹤，或用鹤代指林逋。宋洪咨夔《咏梅》："放了孤山鹤。向西湖，问讯水边，嫩寒篱落。"元黄石翁《墨梅》："去年曾访林君复，烟水苍茫鹤未归。"明钱宰《题林处士观梅图》："放鹤仙人不可招，断河残月夜闻箫。"清赵庆熺《孤山探梅图》："打门仙鹤曾相认。剩枝头，夜来残月，半钩黄晕。"而将孟与林两典并用的则更显高明。如，明高启的《梅花》诗句"骑驴客醉风吹帽，放鹤人归雪满舟"，清张怀溧的《梅花两首》诗句"桥边诗瘦人留迹，湖上人归鹤有声"。也有将其他典故与林逋典合用的，如与庾信（子山）典故合用，明杨九思《北村梅花》诗句："香暗齐飞和靖鹤，枝高犹识子山诗。"

因为在咏梅诗词中出现的鹤多与林逋这个出世的高人隐士的文品有关，都与梅花的"无意苦争春，一任群芳妒"的孤芳自赏的梅格有关，所以，鹤往往也是高洁隐逸的，一般表现为闲适的夜鹤形象。有的描写睡鹤：清黄恩赐《和赏梅原韵》

诗句："名花胜友两精神，路人孤山别有春。寒透冰心林睡鹤，诗添酒兴月留人。"清张鸣珂《忆梅》："忆那时。缟袂相逢，惊起睡酣双鹤。"清张祖同《梅影》："认南枝，新巢睡鹤，衬得恁昏黑。"有的描写梦鹤：元周权《题梅》诗句："西泠桥畔黄昏景，船头鹤梦风吹醒。"清杨夔生《寻梅》诗句："鹤眠梦逸疏香顶。"清周寿昌《独酌梅花下有忆》诗句："鹤守三更梦，鸦含一寸锄。"有的描写夜鹤：宋吴文英《看梅》诗句："华表月明归夜鹤。"清马元驭《题花卉册》诗句："雪月孤山夜，扁舟载鹤来。"清宗得福《孤山寒梅在劫不花》词句："一尊欲酹逋仙问，只夜来倦鹤，瘦影褵袯。"

　　鹤在传统观念中是长寿的象征，因此，在咏梅诗词中常常出现"老鹤"的词句。但是，这里的"老"不是贬义，而是褒义；不是衰老，而是长久、长寿之意。元张雨《赋梅山次仇山韵》词句："孤山路。伴老鹤，晚先寻宿。"元于立《题王元章梅》诗句："老鹤归来不受呼，野桥江树雪模糊。西湖处处皆桃李，省识春风到画图。"元贡性之《题梅》诗句："第六桥头雪乍晴，杖藜曾引鹤同行。诗成酒力都消尽，人与梅花一样清。"明吴邦桢《虞美人》词句："梅好应如旧。风霜愧我渐苍颜。长教老鹤怨空山。"咏梅诗词中的病鹤描写则是一种真实的道白。那是作者以鹤喻己的一种顾影自怜。写病鹤的作者往往身世坎坷，怀才不遇，是那种所谓在野或赋闲的"鹤鸣之士"，他们通过对病鹤的描写，来抒发不为当权者重用的慨叹。如，宋苏轼的《再用前韵》诗句："先生索居江海上，悄如病鹤栖荒园。"元陶宗仪《赋落梅》词句："向空阶闲

第一章　文学之鹤

松龄鹤寿（剪纸）

砌，天寒日暮，病鹤轻啄。"清孙鼎臣《湘月梅花》词句："鹤病新苏可耐得，冻石清泉滋味。"官至礼部尚书的苏轼一再遭贬，最后，死在北还的路上。陶宗仪家境贫寒，元末应进士未中，以教授自给。他们的病鹤诗句无疑是自身境遇的真实写照。

可以这样说，除了与鹤具有共同的长寿寓意的松之外，梅诗词是鹤进入最多的领域。而鹤在咏梅诗词中的不凡表现，使咏梅诗词更具神韵仙质，也奠定了梅与鹤在生物界的亲密关系，它们以不凡而共同的品位姿态在传统诗词中大放光彩。

苇诗鹤词手难牵

　　芦苇与鹤，在自然界本来是相互依存不可分割的，这缘于自然界的实际。芦苇是耐盐碱的主要湿地植物，被誉为"湿地之神"的鹤作为水禽完全依赖芦荡的庇护。但是，在中国传统文化中，它们竟然被活生生地分隔开来，而且，被分割得已经很久很久。

　　这种分隔，是民族观念的传承使之然。《韩诗外传》所载闵子之语"吾出兼葭之中，入夫子之门"，是把芦苇比喻为微贱之物的；而《世说新语·容止》中"兼葭玉树"的说法，把芦苇与玉树进行对比，更使其成了丑陋形象。芦苇的地位被历史定格。与此同时，鹤的形象却日益美好，地位日益提高。至汉代道家与鹤结缘，鹤被冠之以"仙"，鹤先成为仙人的乘骑，而后又直接变为成仙道人的化身。这样，芦苇与鹤在传统观念上的距离就越拉越大了。

　　让鹤与芦苇分隔开来并与松树结伴，也和古人的吉祥观念有关。因为二者寓意相同，都是长寿之物。《花镜》云："鹤，一名仙鸟，羽族之长也，""松为百木之长……遇霜雪而不雕，历千年而不陨。"《相鹤经》云："鹤，寿不可量。"鹤与松名列动植物长寿之首，同是象征长命百岁之意。

是美术这种艺术形式先把鹤高高举起，如战国时期的青铜雕塑"莲方鹤壶"把鹤放到壶之顶盖上，风姿绰约，神采飞扬。汉帛画《女史箴图》则把鹤与贵妇人放到了一起。然后，追求形式美的画家们便将鹤与松放到了一个画面里，共同构成"松鹤图"。之后，无以计数的"松鹤图""瑞鹤图"便纷纷诞生了，而且，出现了许多著名的作品。如宋徽宗的《瑞鹤图》，清西洋画家郎世宁的《花阴双鹤图》等等。

其实，鹤与松的生存环境并不相同，二者并不生长在一起。但按照吉祥长寿的共同寓意故意将它们放到了一起。这样，养护鹤类的芦苇在鹤的图画里被忽略了。

好在追求精神境界的文人墨客们难免抒发真性情。他们崇尚真实，不被民俗所影响。在文人们看来，鹤形象高雅，性情高洁。他们往往以鹤喻己：得志者，可抒发豪情壮志；不得志者，可表达悲愤之情。

文人们常常将鹤与芦苇放到一个大的背景中，如在鹤的文物古迹氛围中去描写，使这些芦苇诗句缘于非常具体的与鹤有关的生存环境中。

比较多的是对黄鹤楼典的引用，且不乏名篇佳句。如，宋苏轼《满江红》词句："空洲对鹦鹉，苇花萧瑟。"宋岳珂《黄鹤楼寄吴季谦侍郎》诗句："鹦鹉洲畔菱苇乡，水去苍苍江茫茫。"明张宽《黄鹤楼眺望》诗句："风生赤壁浪花晓，霜点金沙芦叶秋。"明张居正《望黄鹤楼》："枫霜芦雪净江烟，锦石游麟清可怜。"以上均是对"晴川历历汉阳树，芳草凄凄鹦鹉洲"典句的引申，芦苇始终伴随黄鹤楼出现在景观中，进一步显明了黄鹤楼典故的地理特征。明黄宗理《登黄鹤楼》："大醉依栏呼费祎，蒹葭萍蓼漫成愁。"宋葛长庚《登黄鹤楼秋望》："多情庾亮吟魂远，风泛芦花秋满湖。"这是对黄鹤楼人物典的运用，芦苇渲染了人物的情绪，更使典故活灵活现。在吟咏黄鹤楼的诗句中之所以芦苇出现得比较多，是因为黄鹤楼所处的江夏滩地上确实生长着大片大片芦苇的缘故。这是文人墨客对眼前景物的现实主义描写。有的写的是芦荡远眺，均视野开阔，气势磅礴。如，明刘绘《春日黄鹤楼同藩司诸公宴集》词句："又不见，当时龙战走炎灵，芦荻灰沉江雾溟。"清喻文鏊《晴川阁忆黄鹤楼》诗句："露白葭苍搔首处，凭栏不惜数低回。"清陈荦《黄鹤楼晚眺》诗句："荒城寺顶鸦翻树，枯荻丛中雁拍湖。"有的写秋天的芦苇，其中描写芦花的居多。如，元赵弼《登黄鹤楼》："一林枫叶深添赤，两岸蒹葭淡著黄。"清张连登《登黄鹤楼》："芦苇白摇寒露影，蓼花红绽满湖秋。"

但从这些诗句可以看出，虽然是在鹤的主题下描写芦苇，芦苇却很少在诗句中与鹤相提并论。芦苇在这里，依然是对鹤诗词意境气氛的一种烘托，是从属地位。

虽然，有的诗人故意将鹤与苇写到一起，但想法各有不同。有的将芦苇与鹤进行对比，写它们之间的层次差别，其实是传统苇鹤观念的自然流露。如，清帝爱新觉罗·弘历《家鹤》诗句"胡为凌云姿，逊彼栖芦行"，为有着凌云壮志的驯鹤，无奈屈身下俯与芦苇同行叫屈。明吴国伦《登黄鹤楼》："层楼极目楚天孤，骑鹤仙人漫有无。……风生秋水蒹葭乱，日落晴沙鹳雀呼。"《送吏部曹郎中免官南归》："云鹤深相待，公卿不易留。……篷声渔叟雨，苇色鹭鸶秋。"虽然都是把苇与鹤放到一首诗中描写，但却将鹤与苇分为不同层次：鹤与仙人、与白云在一起为上一个层次，苇与鹳雀、与鹭鸶在一起为下一个层次。

有的确实把苇鹤放到同等的地位去描写。明陈洪谟《前提》诗句"笑领西风上鹤楼，满前光景坐中收。……才薄自今葭依玉，情深何止酒如油"，是用自我讽刺的口吻表达对将苇鹤分开的气愤。唐郑谷在《鹤》中的"应嫌白鹭无仙骨，长伴渔翁宿苇洲"诗句，是用白鹭自喻，说因没有鹤之仙骨，只能宿在苇洲中，与芦苇相伴。也是在为芦苇抱不平，无形中却提升了芦苇的地位。这里用的是比喻、反讽等修辞手法，效果颇佳。有的诗句则直抒胸臆，痛快淋漓。元吕盛《前提》中"楼前黄鹤几千秋，鹤载仙还竟莫留。……风飘桂子香清骨，浪滚芦花白满洲"诗句，给人的感觉，诗人对于眼前翻滚的芦花的赞美在语气上甚至胜过传说中的鹤仙。宋陈允平《惠兰芳引》中"故山鹤怨，流水自菊篱茅屋。……黄芦满望，白云在目"词句：清熊赐履《黄鹤楼》中"胜迹争传黄鹤楼，沙场灰劫几经秋。……芳草至今连郢树，西风何处问芦洲"诗句；清张映辰《游黄鹤楼》中"黄鹤楼前俯大荒，凭栏一望迥苍苍。唱晚渔舟藏苇荻，排空雁字去潇湘"诗句，清石嵋森《黄鹤楼》中"秋色空濛古鄂州，兼葭如雪抱江流。谁招黄鹤乘云下，指点当年旧酒楼"诗句，都是苇鹤并写，使苇无论在句式上，还是在意蕴上，都丝毫不逊色于仙姿仙态的鹤。

但这样的描写毕竟不多，而将苇与鹤放在一个句子里去写的则更是凤毛麟角。这也是没有办法的事情。一方面，传统文

福禄（剪纸）　湖北

化的传承是个历史过程，一些观念具有稳定性；另一方面，如仅在有关鹤的诗词中寻找芦苇的踪影，也有范围的局限，毕竟鹤诗词只是浩繁诗海中之沧海之一粟。

我们只能无奈地得出结论，苇诗鹤词难以携手同行，而诗词的鼎盛时代已经过去，这种稀少可能已成不可更改的历史。

第二章

艺术之鹤

《松鹤图》遐思

　　记得小时候，是在一本书上看到《松鹤图》的。前面是仙鹤，背景是松树。这是我第一次看到的仙鹤形象。那时便以为：一是仙鹤为仙物，现在的人间不常有；二是仙鹤应该最愿意生活在松树旁。这样，高洁无比的松，与那仙姿仙态的鹤相配，真可谓树杰鸟灵了吧！

　　头脑中的美妙图画一直保留到我的而立之年。直到我在赵圈河苇场一户农家见到他们饲养的丹顶鹤——就是《松鹤图》上的仙鹤在苇丛中追逐小鱼吃的时候，直到我行车到东郭苇场杳无人烟的苇海深处，用高倍望远镜寻觅到从苇海中起飞、翔翔在苇海上的丹顶鹤的时候，我才开始对松鹤图的结构产生了怀疑。回家来，我忙去翻字典。那上面写着：鹤，水禽，常活动于平原水际或芦苇沼泽地带，捕食鱼虾等各种小动物和植物。我又询问了行家，进一步弄清了：丹顶鹤不与松树一起生活在高山上，它没有抓住树干的爪钩。

　　我幡然醒悟：松鹤图是虚构的。

　　那么，为什么要如此而作呢？我想，是出于习惯和传承。

松鹤（苏绣图纹）

前人这么画了，后人也就这么画。可最开始发明这种画法的前人是出于什么动机呢？大约有两种可能：一是无知无意而为之。古时候，交通不便，丹顶鹤本就不多，又生活在一般人无法进入的地域偏远的大苇荡里；一般情况下，不安全的小苇丛它们是不肯去的，像盘锦这样世界数一数二的大苇荡才有二三百只丹顶鹤光临，仅占世界现有丹顶鹤总量的六分之一。可见，在交通极为不便的古代，古人偶尔能见到的一般都是迁徙的丹顶鹤，却是难以知道其最终的栖息地的。二是明知而故作之。作画者也知道松在山上，鹤在水边，它们不生长在一起。但更知道松、鹤都有很好的寓意：松，四季常绿，能万古长青；鹤，仙姿仙态，可得道成仙。在延年益寿这一点上，二者的寓意高度地一致起来。把这二者放到一起，便可以寓意大吉大祥。如，唐诗人元稹就有一首专以《松鹤》为题的诗，说一只"孤飞唳空鹤"，"踏动樱盘枝，龙蛇互跳跃"，把松树枝干与在其上跳踏的鹤难解难分的关系写得惟妙惟肖。应该说，这两种动机都可以叫人理解和接受，但作为一个苇乡人，我隐隐且日渐强烈地为芦苇抱不平啦！为什么隐蔽庇护滋养哺育着丹顶鹤的芦苇，在表现丹顶鹤的作品中都被严重忽略了呢？在有两千来年历史的中国画廊里，为什么连一幅鹤与芦苇在一起的图画都看不到呢？

不言而喻，在古人的观念中，芦苇的寓意不够祥瑞。芦苇，是遍及中国乃至世界温带地区最常见的水草，其貌不扬，只有一年的寿命，既不伟岸，亦不瑰丽。寓意就更不用说，其悲义大于喜义，多被文人墨客用作悲秋忧思的题材。这大抵是

福禄寿（剪纸）

中国最早的诗歌总集——《诗经》带头这样表现的结果吧？那《蒹葭》诗中"蒹葭苍苍，白露为霜。所谓伊人，在水一方"的诗句，描写和抒发的正是一种追求恋人而不可得的忧思之情。蒹葭，在诗中被用作起兴之物，衬托深秋时节诗人的惆怅心情。这样一幅情景交融的画面，不知感动并影响了历朝历代多少文人墨客。这之后，仿而效之的就有过之而不及了。如．白居易《琵琶行》诗的开篇首句"浔阳江头夜送客，枫叶荻（芦苇的一种）花秋瑟瑟"，通过实写秋夜芦苇，把送友"醉不成欢惨将别"的情形渲染得十分成功。在史料中关于芦苇微贱寓意的记载也是时有所见。如，《韩诗外传》中"闵子曰：'吾出蒹葭之中，人夫子之门。'"用芦苇比喻出身低贱。《世说新语》中"蒹葭玉树"的对比，把芦苇比喻成丑陋形象。

凡此种种，都决定了芦苇的文化命运之不幸，但我仍不能改变那与生俱来的热爱芦苇的初衷，芦苇何止是养育了丹顶鹤，它还养育了千百年来生活在这块土地上的人民。它的秆可铺盖房顶，可织布、造纸；它的叶可作柴，它的根可入药。芦苇还可用作副业原料，用于编帘织席等。可以说，芦苇为人类解决了衣食住等大问题。芦苇还造就了我的家乡每一年四季的绝妙风景：夏日蓬勃生长的芦苇形成的绿色海洋，秋风中摇曳着的雪白芦花如同海浪在翻滚。

依我看，芦苇可以和任何动物植物相匹配、相媲美！于是，我便憧憬着：求哪位画家，画一幅像样的《苇鹤图》来为芦苇正名。或是浩瀚的苇海上，"晴空一鹤排云上"；或是丛丛芦苇中，一群仙鹤在嬉戏起舞……

鹤与高跷

鹤是一种鸟，高跷是一种群众文化活动形式；前者属自然范畴，后者属社会范畴，这两者难道会有什么联系吗？

鸟类是人类的朋友，自古以来就深受人们的喜爱，尤其是美丽高雅寓意长寿吉祥的丹顶鹤更是备受人们的喜爱乃至崇拜。或者说，鹤是现实存在的鸟中最受人们喜爱的鸟类，其喜爱的程度仅次于传说中的凤凰。

鹤进入美术领域很早。1976年，在距今三千多年前的商朝故都殷墟王妃"妇好墓"的发掘中，发现有玉制的鹤的葬品，可算作早期雕塑。春秋时代郑国的青铜器"莲鹤方壶"，也属此类作品。那壶形中立一鹤，引颈而立，展翅欲飞，生动而形象。

鹤在绘画中得到充分体现。无以计数的《松鹤图》产生。从松与鹤靠寓意相同结合在一起同入画面，可以推断"松鹤长寿吉祥"的观念一定产生得很早。可以证实鹤进入绘画领域时间的还有中国最早的"连环画"——《羊骑鹤》，是1972年在湖南长沙马王堆一号汉墓漆棺上发现的。在古人的观念中，"羊"代表吉祥，"鹤"则是古人崇拜的神物。古人相信，人

鹤衔灵芝（顾绣）

死后是骑鹤上天升仙的。这一绘画，饶有意趣。保存至今名气较大的鹤的绘画还有宋朝皇帝宋徽宗赵佶的《瑞鹤图》，18羽白鹤在五彩祥云中飞舞回翔，两羽白鹤落在端门的鸱尾上。画上还有二百多字的题跋，说明祥瑞的意义。直到如今，鹤都是画家们喜欢描绘的鸟类。1982年冬完成的我国目前最大的搪瓷壁画就是以鹤为内容的，名为《鹤乡春晓》，长达19米，高6米，由11000千多块搪瓷板镶嵌组成，画面中有80多只形态各异的鹤。

鹤进入文学领域也较早。成书于春秋时代的我国文学史上第一部诗歌总集《诗经》中就有《鹤鸣》的诗篇，诗中描写"鹤鸣于九皋，声闻于野"、"声闻于天"的壮观场面。以后各代，以鹤为题材为主题的文学作品，尤其在诗歌中便大量涌现。一些著名诗人如杜甫、白居易、苏轼、陆游等都有许多描写鹤的名篇佳句。

鹤与这么多的文艺形式携手，自然也会与舞蹈有联系。因为舞蹈是最古老的艺术之一，当人成为"人"之初始时，它就与人的生命活动同在、共存，号称"人类艺术之母"。在原始社会，因为人类对自然现象无法理解和束手无策，因而求助于神．于是就有了把某种动物、植物或其他物品当做自己的祖先加以崇拜和神秘化的图腾的出现，对图腾的膜拜活动浓缩着、沉淀着原始人强烈的情感、信仰和希望，同时也是人类审美意识和艺术创作的萌芽。那些以鸟为图腾的氏族，装扮成鸟的样子，穿上像鸟羽毛一样的服饰进行舞蹈。

与中华民族有着同样崇拜鹤传统的韩国，至今流传着鹤的民间舞蹈．将一个用稻草编制成的像蓑衣一样的斗篷状装饰物披在头上，双臂伸开牵动斗篷如同翅膀样舞动，不时地作着各种扇动飞翔的动作，斗篷的上端作出长长的鹤颈和头，被顶在人头顶的鹤的颈部和头部随着人头的晃动和摇摆而变化多端，几只这样的鹤互相耍来耍去，形象很是生动，饶有趣味。这种民间舞鹤，与我国民间的舞龙、舞狮极其相似。在我国，一些以鹤为图腾的先民氏族，则模仿鹤的长腿，截木续足高高立起舞之蹈之。踩高跷，就是这种图腾崇拜的遗迹。高跷这样一种广场文化娱乐形式，能够深受欢迎广泛而长久地流传，大抵是因为这种娱乐形式表演时能鹤立鸡群高出观众一截，更便于观赏的缘故。

可见，鹤是高跷的原型，高跷是人们对鹤崇拜及至模仿的产物。鹤与高跷像鹤与其他文艺形式一样，不仅有联系，而且这种联系又是久远而绵长的。

盘锦仙鹤，我们为你歌唱

盘锦仙鹤，我知道你们是远古辽东鹤的子孙。自古以来受尽了人们的崇拜。你们之所以选择了盘锦，完全是对这方土地上的人们爱护你们的义举的恩赐。盘锦因此而吉祥、而兴隆，而以鹤乡名传。可是，我们人类从来对你们没有什么回报，尤其在已经实现了现代化的今天，盘锦人能为你们做点什么？我们思考了很久，当然，首先能做到的是树立环境保护意识，加强环境保护，使你们有一个好的生存环境。再就是想办法用各种文学艺术形式来歌颂你们。文学的形式、摄影的形式、美术的形式都表现过了，间接地歌颂你们的歌曲也有，但你们不是主角。应该用一支歌来赞美你们，这成了盘锦人的一个新愿望。

好在机会来了，借2001年盘锦市与辽河油田携手主办春节文艺晚会的机会，我们特邀当代中国最为著名的词曲作者创作了《盘锦组歌》，其中，特意为你们——我们盘锦的丹顶鹤写了一首歌。词作者张藜可是个大名鼎鼎的人物，完全有资格为你们写歌。他创作的《亚洲雄风》《篱笆·女人和狗》都是脍炙人口的。为了让他对你们有个直观的印象，我们特意带他到保护区去观摩你们的表演。那是国庆节前的一天，你们的表现好极了，引吭高歌、翩翩起舞、展翅飞翔。只用一周时间，张藜老师就写出来了一首歌词，歌名叫《美丽的飞翔》。

这是一首专门献给你们丹顶鹤的歌。作者避开了以往多写鹤鸣、鹤舞的

喜庆瑞节（剪纸） 香港 邹立友

习惯写法，而是独辟蹊径，只写鹤翔，专门写丹顶鹤的飞翔。为这首歌作曲的是近些年成名的肖白，他的代表作是《相约一九九八》。他确定"美丽的飞翔"的曲调风格是通俗花腔，说这样便于反复咏唱，更便于抒情。

歌曲先写你们起飞前的姿态："你款款漫步柔美的舞姿，像芦花拥着少女徜徉。"接着，用反复和排比句式直写飞翔："丹顶鹤，你飞起来了，飞起来了，飞起来了。"然后，写你们飞翔的姿态，重点写翅膀："扇动起白云的翅膀"，"你的翅膀千姿百态，每次扇动都让我寸断柔肠。"为了衬托你们的飞翔，还写了芦苇、树林、白云，这都是你们生活和飞翔的环境。在这些描写中还是反复咏唱"飞翔""飞翔"，以强调你们飞翔的美丽至极。并且，歌曲随时提示这种对"美丽的飞

双鹤衔草（玉雕） 北宋

翔"的赞美之情，是从盘锦丹顶鹤身上获得并生发开来的："你迷恋了多少游人，流连忘返醉倒鹤乡""掠过那芦苇的海洋""衔来了芦花的清香"。最后以"盘锦丹顶鹤"收笔。这样，在歌颂你们丹顶鹤的同时，也歌颂了庇护养育了一代又一代丹顶鹤的芦苇荡，歌颂了热爱丹顶鹤的盘锦人为保护你们鹤类所做的努力——创造一个好的生存环境。

在两段歌词的后半部，是词作者的点睛之笔。"跃动才辉煌"，"攀升才高强"。这既是对你们鹤类的溢美之词，也是对我们人类的激励之语。"跃动""攀升"是鹤的一种本领，也应该是人生的一种境界。鹤因飞翔而改变提升了生存处境，人也会因为攀登而达到风光秀丽的人生峰顶。

盘锦仙鹤，歌唱你们的这支歌，就这样，在词曲作者的劳作中，在我们盘锦人的感动中产生了。在随之举办的盘锦市与辽河油田2001年《携手向新春》春节文艺晚会上，著名歌手范琳琳演唱了这首唱，受到大家的一致好评。我们盘锦人都为之欢欣鼓舞，因为，鹤乡终于有了歌颂鹤的歌曲，而且还是专门歌颂我们盘锦丹顶鹤的。

　　盘锦仙鹤，让我们用《美丽的飞翔》中的一句歌词来为这篇文章作结，也再次表达我们人类一份不老的心愿："愿为你永恒的歌唱，颂扬你那美丽的飞翔。"

吉祥鹤图

　　吉祥，是中华民族既古老而又普遍的一种传统信仰。它是人类在同大自然斗争，同邪恶势力斗争中追求真善美心态的反映和表述。在《周易·系辞传下》里这样为吉祥做了最早的定义："吉事有祥。"在当今的传统观念中，吉祥则是完美的预兆，即美好、幸福、吉利的意思。但无论是在过去还是现在，这种对吉祥的认定和表述，不仅在观念上世代相传，而且也往往以民族文化中的吉祥物及其图饰的形式表现出来。吉祥物一般在飞禽走兽、花草树木中选定，以其作为吉利祥瑞的标记。在这其中，我国古代传说中创造出的龙和凤及其图饰，至今仍

仰韶文化彩陶缸乌衔鱼纹

殷墟商代鸟衔鱼纹

汉代鸟衔鱼陶盆　　汉代鸟衔鱼旋转纹陶盘　　汉墓鸟衔鱼画像石

被民间用来作为吉祥的最高象征物而备受崇尚，如"龙凤呈祥"就被普遍喜爱，但这两种吉祥物都是人的想象物虚拟形。与之相比，在现实中活灵活现的鹤，作为吉祥物便显得具体而生动。因此，鹤意吉祥的图饰在民俗文化形式中普遍存在也就是必然的了。

　　表示吉祥鹤意的图饰一般不以鹤的单一形象出现，而是以鹤为主要题材，再辅之以一种乃至几种吉祥物，用谐音、象形、取义等借代形式，将它们组合起来，把抽象的吉祥概念多层次地再现出来。

　　在吉祥鹤图中，鹤常常被赋予长寿的寓意。在民间表现长寿的图饰中，出现频率最多的是多式多样的"松鹤图"。这种图饰世代相袭、经久不衰。人们之所以选择松来伴鹤，主要是因为二者的长寿寓意相同。"松鹤图"在艺术上，多采用取义的借代方法。"松鹤图"画面虽然一般只有松与鹤两种吉祥物，但构图却是千姿百态。或鹤在松下，或鹤在松上。鹤在松下多站立姿，鹤在松上多飞翔状。即使在今天，越来越多的人已清楚鹤没有生活在树上的本能，没有抓住树干的爪钩，它生活在草原水际或沼泽地带，但人们仍不愿改变先人的初衷，仍在欣赏和描绘着千幅万幅的"松鹤图"。这里列举两幅松鹤图饰，一幅叫做《松鹤长春》，一幅叫做《松鹤延年》，都是传统的延年益寿主题。《松鹤长春》绘以仙鹤与青松的纹图，双鹤立于松下浅水边际，岸边长着两棵灵芝，从松树枝干上垂下几条长青藤，双鹤占了画面的大部分，而且位于中间，两鹤姿态高雅，一俯一仰，相映成趣。《松鹤延年》绘以骑着的仙鹿的老寿星，奔跑在青松之下，回头望着鹤飞云天的绘纹。在这幅以松鹤命名的图饰中，老寿星却占据中心画面，他作为被祝愿的主体亲自登场了，从而使画面气氛更为明快热烈。老寿星手持遮阳扇，体格健硕，精力充沛，神采奕奕，一看就叫人深信他已是长寿之人而且会更长寿。作为衬托的双鹤、松树和仙鹿也都体现了强大的生命力，一个是枝干挺拔，一个是双翅振飞，一个是四蹄奔腾。这两幅松鹤图画面都比较丰富生动，都使用了取义的借代方式，把具有长寿寓意的生物聚于一图，共同来表现一个长寿的主题。应该说，这两幅"松鹤图"是比较完备的，因而也具有一定的代表性。

鹤还与龟、石、桃子等物共同构成长寿图。《龟鹤齐龄图》绘的是龟和鹤的图纹，画面是圆形，像一枚钱币，而史书真就记载了六朝的大钱上铸有"龟

鹤献蟠桃纹图

鹤齐寿"的纹样。图的上半部是展翅之白鹤,下半部是侧身之灵龟,鹤龟上下呼应,相得益彰。将鹤与龟相提并论以示长寿是中华民族古老的习俗。《尚书·洪范》里记载:"龟之言久也,千岁而灵。"鹤在民间传说中也被认为是千年仙禽。晋朝葛洪在他所著的《抱朴子·对俗》中对这种文化现象作了诠释:"知龟鹤之遐寿,故效其道引以增年。"由此可见,"龟鹤齐龄"图饰寓有长寿瑞祥之意由来已久。《鹤献蟠桃》图绘以鹤喙衔一桃枝,枝上长着一对蟠桃的纹图。因为鹤是长寿之鸟,桃子也象征长寿,习称寿桃。传说王母娘娘蟠桃园里的桃树是三千年一结果,吃了这种蟠桃,凡人俗骨立刻成仙。这样美好的想象,足以使桃子与白鹤同人一图,共同来表达长寿之意。《夫妻祝寿图》绘以双鹤栖立在寿石上,上有梅花,下有青竹的纹图。这幅图饰在艺术表现手法上主要采用的是借代中的谐音,竹子的"竹"与"祝"谐音,梅花的"梅"与"眉"谐意,取意于"举案齐眉"的故事。双鹤借代夫妻,再从寿石中取"寿"意,加上鹤本身即是寿鸟。这样,梅竹双鹤便寓意"夫妻祝寿"了。这幅图画非常俏丽,因画中之物皆卓雅不凡。双鹤之亭亭玉立超群自不必言,单说"岁寒三友"此图就占了俩,冒雪吐艳的梅,经寒不凋的竹,本身就寓意为高尚的情操,又含有挺拔耐久的吉祥之意。因此说,这幅图饰中的生物选择是独具匠心的。鹤在长寿图中多为主角,但也有作配角的时候。在《八仙庆寿》图中,八仙占据整个画面,鹤为祝寿的八仙之一的寿翁所乘驾。鹤在画面中很不显眼,但有一点却很给鹤提气,那就是八仙为之祝寿的寿母乘驾的是一只凤。也就是说,在这幅画里,鹤与凤是并驾齐驱的。所以,鹤在这幅图饰中的地位也就毫不逊色了。

　　鹤因为长寿的特点，受到世人的喜爱，由此又生发出多种吉祥寓意，这样，在鹤图饰中除表现长寿主题外，还有表现幸福喜庆、奋发向上、和睦祥瑞主题的。《福如东海》上绘有仙鹤飞翔，下绘有海水涌日的纹图。鹤是长寿多福的瑞鸟，遨游漫舞于长天，表示自由自在，遂心如意，下面的大海无边无际，波涛滚滚，表示洪福如海阔。把鹤与水连在一起，是否受了《诗经·小雅·鹤鸣》中的"鹤鸣于九皋"的启示呢？《鹤鹿同春》表现的是喜庆长寿之意。图饰绘鹤鹿立于梧桐树之下，一片春意盎然的景象。鹤乃羽族之长，相传寿龄千年。鹿的寿命，有"千年苍鹿，又五百年为白鹿，又五百年化为玄鹿"之说。梧桐树，有"灵树"之称，《花镜》里谓之"此木能知岁时"。传说梧桐还能引得凤凰来，它也是吉祥常青之

指日高升纹图

木。长寿的仙禽、仙兽，吉祥的灵木带给人无边的祥瑞。此图也很好地运用了谐音的指代表现方法。"桐"与"同"是同声同音，"鹤鹿同春"也可以理解为鹤、鹿、桐三者共庆新春，这样，就加重了喜庆的色彩。此外，"鹤鹿同春"又称"六合同春"，因为"鹿"与"六"、"鹤"与"合"谐音。"六合"系指大地和四方，即整个宇宙。这样一来"鹤鹿同春"就又寓有天下皆春之意。《五客图》将鹤、孔雀、鹦鹉、白鹇、鹭鸶五种性情迥异的鸟绘在一起，是缘于一个典故。宋代李昉在做郡守时，曾于私第之后园养有五禽，皆以客命名，并绘成图。育禽以客称之，必然以礼相待，可见其人涵养深厚，此举令后世钦佩，遂有五客图传之。这样一幅图饰和它所带来的典故给人一种和睦祥瑞美，这样一种气氛洋溢在五禽之间，也洋溢在主人与五禽之间。借以预示加官晋级，前程美好愿望的鹤

云鹤朝日纹图

魏晋南北朝的画像砖纹图

图饰有《指日高升》和《一品当朝》。《一品当朝》绘以鹤昂
首挺立于潮浪拍打的岩石上的纹图。古代官制的等级分为九
品，"一品"，是官员中最高官位。鹤为羽族之长，形态美，
性情高，在清朝时被作为文官服制一品绣补的图案，故鹤有
"一品鸟"之称。潮浪的"潮"与"朝"同音。而鹤举头向
日，具有朝见皇帝之意。《指日高升》图饰绘有两只白鹤从松
林出发，向着升起的朝阳飞去的纹图。"指日"，从画面来
说，是白鹤指向朝阳飞去，而画意却是说，可以指明高升的日
子为期不远，指日可待啦。"高升"，画面指白鹤高翔，画意
却是指代升为高官。《云鹤朝日图》，在众多的吉祥鹤图中是
气势最磅礴、色彩最绚丽的。因为这种鹤图饰历代常挂壁于中
堂，成为照壁。所以都呈长方形。画面中央一轮红日高悬，四
只白鹤环绕四周。鹤虽都是飞翔状，但姿态各异。画面的其余
空间都由五色祥云填满。高洁美丽的仙鹤翔于万里云天，红日
祥云相衬托。此图饰赞颂了凌云壮志的胸襟，给人以奋发向上
的感召。

　　鹤图种种，表达了古往今来多少人向往和追求吉祥幸福
的良好愿望。虽然在这些图饰产生的初期，人们古老的信仰和

崇拜中曾或多或少地有过迷信成分，但在多少世纪的民俗传承中，那些神秘的迷信色彩已经逐渐消失，剩下来的主要是吉祥的寓意。这些美好的象征伴随着社会的发展和进步，仍在不断地被用来表达人们的美好愿望，像"松鹤图"，当代的人们也都极愿将它作为追求健康长寿的最佳图饰。像《云鹤朝日》图饰所蕴藏的志向远大的含义也往往代表着众多人的理想和追求，这些都有着积极的鼓舞和振奋作用。从这个意义上说．对吉祥鹤图的喜爱，也是人们用民俗形式追求现代精神文明的一种表现。因此，整理和介绍这些鹤的吉祥图饰，正是要拨开表面形式上迷信的薄雾，让更多的人一睹我国民俗文化传统中那些朴素而绚丽的光彩，并从中受到陶冶，获得教益。

第二章　艺术之鹤

片纸剪出吉祥鹤

　　中国是剪纸艺术的故乡。中国剪纸是中华民族文化艺术中群众性突出、地域性鲜明、历史文化内涵丰富、颇具代表性的文化形态。它的文化价值几乎超越了剪纸艺术本身，是集哲学、美学、历史学、民族学、社会学和人类文化学为一体的中华民族传统文化和心理素质、情感气质的凝聚，反映了人类生命意识、繁衍意识与阴阳结合化生万物、万物生生不息的本源文化体系。

仙鹤灵芝纹图

　　剪纸艺术，在我国出现得很早。在纸没有被发明之前，商周战国秦汉时期的刻花皮革、金属薄片和玉片、透雕等相继产生，这些是与剪纸艺术相近的艺术，后人谓之"类剪纸"。至公元105年东汉人蔡伦发明了造纸术，最晚在五代时期中国人又发明了剪子。有了此二物，剪纸便迅速发展起来。后来，也有用刻刀刻制剪纸的。剪纸、刻纸被统称为剪纸。从此，以纸剪、刻的真正意义上的剪纸诞生了。至隋唐，剪纸承前启后大发展；至宋元，形成独具特色的艺术；至明清，剪纸艺术进入了显赫时代。因为关东地区满族人有剪纸习俗，而清廷是满族人政权，便使得剪纸堂而皇之地进入了宫廷，登上了大雅之堂。清代皇帝婚礼作洞房的坤宁宫，墙壁上要贴满剪纸。据说有人用剪纸剪成有鹿、鹤、松的图案，加以彩绘，贴于朝服上，连慈禧太后都以为是绣出来的。建国以来，剪纸工艺继续用于民俗生活，如用于传统节日、婚礼祝寿等喜庆场面，成为一种艺术欣赏品，成了美化生活的手段之一。

但剪纸是一种平面纸质雕刻的艺术，容易损坏和腐烂，过去都是日常民俗使用的装饰物，用过即弃，不

鹤岁平安（剪纸） 吉林 张春颖

松鹤延年（剪纸）　辽宁　范垂多

曾保存，故历史上的遗留物和典籍记载极少。只有一些痕迹，尚可以探源。从新疆吐鲁番阿斯塔那出土的文物看，剪纸"对马""对猴"是南北朝时期的作品。被认为是世界上最早的剪纸实物。汉唐以后，剪纸的工艺有很大的发展，剪纸的材料已经不限于纸张，内蒙古、陕西、江苏等地都有镂金箔片出土。李商隐《人日即事》中"镂金作胜传荆俗，剪彩为人起晋风"诗句，说的就是制作镂金箔片剪纸的情形。唐代"镂金作胜"的实物已远传日本，至今日本的正仓院还有藏品。现在可见到的一件晋代的金片装饰物《团鹤》应该是"镂金作胜"的前身，此件作品的构图造型体现了先人很高的审美水平。圆形图案中两只鹤背部相靠，舒展的双翅均向外，足屈膝，首回望，微张之喙相对。使得整个饰物浑然一体，笔笔相连，阴阳相称。

中国民间剪纸艺术有自己完整的艺术造型体系。剪纸的造型以二维空间观念作为形象思维的基础，物象没有体积，没有空间，不用讲求近大远小和空间的深远，而像是被挤压在一个平面上。剪纸在整体上注重强调的是外形的轮廓特征，并在轮廓内作黑白虚实的处理，并讲究传神。

剪纸分为单色、彩色两种色彩表现方法，主要有阴刻、阳刻、阴阳结合三种剪刻方法。单色剪纸，多用红色、黄色、绿色、蓝色等色纸材料，是流传最广、数量最多的一种。特点是单纯大方、明快醒目、感染力强。彩色剪纸包括点色、印绘、衬色、勾绘、分色等多种形式。阳刻法玲珑细致，南方多用此法；阴刻法厚生结实，有强烈的黑白对比效果，北方多用此法。一般多用阴阳结合的第三种方法，该法运用起来灵活多变。阳刻与阴刻手法的有机结合，使画面主次分明，丰富多姿，表现力强。

镂空和线是构成剪纸造型形式美的主要因素。镂空和线，给剪纸带来丰富的色彩表达语言。好的剪纸，既要抓住物象的特征选择镂空，又得做到线条的连接自然。剪刀或刻刀在纸上剪刻出的画面因而在形式处理上必须连线和镂空，形成了阳纹剪纸线线相连万剪不断，阴纹剪纸线线相断千刻不落的特点。恰到好处的镂空和线的组合，不是一般匀净调和的灰色调那样混沌昏蒙，而是与整体观感一致的玲珑剔透、空灵利落。

福字仙鹤（剪纸） 吉林 王桂香

如，湖北现代张朗的剪纸《寿字》构思独特，在一个阴刻的寿字上，剪有八只阳刻的鹤，间有松树枝叶和云卷。辽宁大连的现代剪纸《福禄寿》也是一个寿字，周围由鹤、鹿、蝙蝠、桃子环绕，在阳刻之上再行阴刻，技法独到。天津现代剪纸《聚宝盆》，盆里装的是成串成吊的铜钱，为阳刻；盆身刻有鹤、鹿、桐树等祥瑞之物，为阴刻。

剪纸的题材多种多样，如花草、鸟兽、虫鱼、家畜、农作物、娃娃，以及吉祥图案和戏曲故事等。其中寄寓着人们的喜爱和追求，含着祝福、倾慕、期望等心理因素。但松鹤延年的主题最为多见。因为中华民族传统文化崇尚吉庆祥瑞长寿，而剪纸也是中华民族追求吉祥心理的产物。

剪纸中的鹤题材多为长寿之蕴涵。辽宁岳文义的《麻姑献寿》中，美丽且长生不老的仙女麻姑裙带飘飘，脚踏层层云卷，双手侧捧一盘寓意长寿的仙桃，四只神姿仙态的仙鹤环绕其裙袂飞翔。仙人麻姑、仙桃、仙鹤，这些充满仙气象征长寿的生物，使长寿的主题得到有力的烘托。

从历史上看，剪纸工艺还和其他工艺结合运用，派生出许多新的形式。如唐代有剪纸风格的印染花纹，宋代吉州窑贴烧剪纸而成的瓷器花纹，明代在两层纱之间夹剪纸的夹纱灯和夹纱扇，历代民间染印花布的镂纸印染花版等，民间刺绣的图案，都与剪纸相联系。

剪纸方法基本相同，但不同地域形成了不同的风格。陕西有单色剪纸、点彩剪纸；河北有点色剪纸。贵州的侗族剪纸，纹样轮廓清晰，内部针刺，很少雕镂，主要用于绣花；而湘西的剪纸，或用剪刀剪，或用针在纸面上扎，称为"挫花"或"扎花"。

与东北的历史一样，东北的剪纸历史悠久。东北剪纸是满汉等多民族文化交织的结晶，各种文化相互融合形成了东北传统剪纸刻纸的鲜明特色。形式上，东北人多采用"剪影起花"（即阴刻）的方式剪出形象，再用松烟熏黑，在画面的镂空处衬以五彩纸片，使其具有白山黑水东北雪域的厚重风格。东北天寒地冻，窗户结满霜雪，不宜贴窗花，因而剪纸一般线条粗而有力，形成的分隔也比较规整，一般适于贴在墙面。内容上，以萨满文化为特征的满族、赫哲、锡伯、鄂伦春和达斡尔等民族的民间剪纸，以其渔猎人所独具的气质，给我们提供了独特的审美情趣，进而独创了一个民族群体的艺术世界，一个地域民俗文化的蓝本。萨满，被称为人与神之间的中介，向二者互相转达祈求和愿望，这在剪纸中有充分的表现。东北剪纸所表现的内容非常丰富。满族剪纸堪称东北剪纸的代表。满族剪纸有表现孝悌和人伦纲常的内容，也有"麻姑献寿""八仙过海"，表现道士升仙、长生不老的题材。

后期，由于山东、河北等地大批移民的迁入，随之而来的中原汉族道教文化及儒家文化产生很大影响，中原剪纸与东北土著剪纸相融合，使东北剪纸日趋丰富多彩。这在一定程度上影响着民间剪纸艺人对题材的选择。在辽西辽东及黑龙江等地，都可以看出民间剪纸追求吉祥的共同性，如对鹤鹿、石榴、寿桃、聚宝盆等物体的选择。

清末民初，地处燕山深处的河北丰宁、蔚县两地的剪纸兴起，影响北方广大地区。他们借鉴民间木版年画的影响，盛行的是雕刀刻制窗花，在50—100层纸上用雕刀刻制出来，再点染上用酒泡融的五彩缤纷的颜色，构图饱满朴实，造型夸张生动。贴在窗纸上，玲珑剔透，光彩夺目。此外，江苏扬州市，浙江乐清市，广东佛山市、汕头市、潮州市，云南潞西市，陕西安塞县都形成了自己独特的民间剪纸的艺术体系。无论何种风格的剪纸，在选材上都有共同点，那就是对鹤题材的选取，但在构图上却很讲究自己的特点。如，方中有圆，圆中有方；有端正，有斜对。如辽宁范垂多的《松鹤延年》方形中设圆，圆中上部刻有红日一轮，站立在如龙麟的粗大松干上的双鹤一昂首一低头，右侧，松枝针叶绕满上半圈，左侧短梅修竹枝叶

鹿鹤同春（剪纸）　陕西

绽放，与红日重叠部分用阴刻。陕西现代剪纸《飞鹤》，一鹤向上斜飞，颈、体、足成一线，足颈比较粗壮，显得遒劲有力。湖北当代剪纸《福禄》，中间一个禄字，对角线分出下为鹿，上为鹤。河北现代剪纸《六合同春》，松树松叶满幅，双鹿在下，双鹤在上，画面重重叠叠，但各种形象清晰可辨。山东现代剪纸《鹿鹤同春》一个福字的上面一左一右刻鹿头与鹤首友善相对。当代王桂香的《福字仙鹤》，菱形中一个福字，上角为梅，下角为松；左右角各为一只昂首展翅之仙鹤。

中国当代剪纸无论内容、题材，还是表现手法，都有很多创新，这在鹤主题、鹤题材的剪纸创作中表现得尤为充分。

中国首届"仙鹤杯"剪纸艺术精品展览2005年7月于黑龙江省齐齐哈尔丹顶鹤繁殖地举办。从全国征集到的800幅作品中选出了200多幅精品进行了展览和交流。辽宁张恩健的《鹤之炬》获特等奖。造型是一支火炬，在把柄上刻有2008字样和奥运五环纹样，之上由翻飞的群鹤构成了燃烧的火焰状，有八只鹤从其中冲天而上，成为火焰的标高。福建高少平的《松风鹤舞》获一等奖，作品表现的题材丰富，红日白云、高山松树、江河流水构成了祖国的大好河山。十多只鹤或站立或飞翔姿态各异点缀其中，呈现一派祥和景象。香港邹立友获特等奖的《喜庆鹤节》是个长篇巨制。构图丰满丰富，为上中下结构。下部是立鹤10只，上部的扇面图形中是15只翔鹤，中间则是舞动的人群，图形的四周里层是锦簇的花团纹样，外圈是喜鹊和吉祥花纹。

一些作品体现了鲜明的时代特点，表现着浓烈的现实主义风格。一些作者把鹤从传统的松鹤图结构中放回到其栖息的芦苇湿地的现实环境中来，风格均清新而自然。如获二等奖的北京周爱军的《相依》，剪刻出一对蒲棒，几簇水草和几朵野荷花，中间的双鹤共衔一条小鱼，共顶一轮光芒四射的太阳。黑龙江胡季莲获二等奖的《快乐农家》是一幅彩色剪纸，羽毛洁白的鹤，深蓝色的天空，浅蓝色的苇草，红色的芦花，两朵白色的云，还有两朵浅蓝色的云。这些，绚丽地组合在一起，格外夺人眼目。获一等奖的黑龙江倪秀梅的《仙鹤神韵》由四幅不规则图形组成，在黑色纸面上行阴刻手法。鹤的形象、芦苇的形象，均用空白来表现。黑白两色质朴素雅，对比鲜明。

即使采用传统松鹤题材作品中的鹤，也不是站在松树上，而是站在松树下的土地上。如黑龙江郝海滨的《松鹤延年》既是如此。获二等奖的福建吴寿南的入选作品《松鹤长青》中，一鹤立于粗大的松干下，一鹤在松树上空飞舞，二者动静结合，遥相呼应。

这次大赛在剪纸的表现手法上也有很多创新，尤其表现在对传统团鹤构图的创新上。如，获二等奖的陕西贾经龙的《仙鹤祝寿》是对传统团鹤的变形。横幅椭圆造型中，两鹤双翅回扣，共捧一个巨大的寿桃。获一等奖的山东刘伟的《松鹤》将团鹤造型稍抻一下，有点菱圆形味道，是典型的折鹤剪纸，八只鹤两两相对围绕在菱圆四周，中间是四棵塔状松树树顶相对，树中间为松叶。获一等奖的安徽刘继成的《恋》也是对团鹤造型的突破。双鹤展开双翅对舞，其中一只鹤从圆的上部突破出来；一弯月牙，一半在圆内，一半在圆外。几只芦花随风摇曳，形体自由，充满动感。此幅作品在雕刻手法上也很独到，圆内部分用阴刻，圆外部分用阳刻，新颖别致。

不要小瞧了剪纸，一片小小的纸张，经过剪刀稍加剪刻，便丰富生动起来，可以寄寓人们的吉祥崇拜和美好的精神追求。在当代中国，剪纸艺术日新月异，以鹤为主要形象的剪纸艺术更是深受人们的喜爱。剪纸这种民间艺术形式必将得到更深入的发展，创造出更广泛的影响。

与鸟同翔

　　自古人类就向往鸟的飞翔，经过了无数次的试验和牺牲，终于模仿鸟的飞翔而发明了飞机等飞行器飞上了天空。但是，那是有局限的飞翔，只是人利用飞行器在独自地飞。法国影片《鸟的迁徙》的制作者们却把人类的梦想引申，实现了人类的又一个梦想——与鸟同翔。

　　你看影片中的鸟们是自己在飞，但是，你想过没有，那些鸟的近镜头，那些连大天鹅的黄嘴黑眼白色毛羽都清晰可见的极近距离的画面，是人乘坐在一般的飞行器里所能够拍摄得到的吗？更何况鸟们的身下是险恶重重的万水千山呢！

　　原来，影片的制作者们运用了上个世纪30年代获得诺贝尔奖的奥地利人劳伦斯的"铭印理论"。劳伦斯的"铭印理论"是研究动物行为的理论。他发现了一个规律，动物会把第一眼见到的动物视为生身父母。正是劳伦斯的"铭印理论"引发了影片的导演兼制片人法国人贾克·贝洪拍片的思考，由此开始了一场冒险。

　　摄制组先在北诺曼底的卡伐多斯买下一块地，建立起鸟类繁殖试验场；同时将其作为保护区，来孵化和驯飞鸟类。在候鸟繁殖时与大自然同步在此进行人工孵化大雁、野鸭的实验，并且进行驯养。初步的成功，激励他们对劳伦斯的理论又有所发展，即扩展到对天鹅、鹤类、鹈鹕、白鹳等鸟类的孵化、驯养。他们在这些鸟出壳前就进行"胎教"，播放飞行器引擎发动的录音。在鸟们破壳而出后，让身着羽毛般黄色服装的工作人员来做它们的代理父母，亲自帮助、照料它们，引导它们继续熟悉像鸟一样带有翅膀的飞行器的声音和形象。

来自巴黎国家自然博物馆的三名科学顾问兼作驯养人员是付出了巨大的辛苦的。他们作为鸟儿们的代理父母需要日夜陪伴鸟群，给它们洗澡、喂食，与它们奔跑、游泳，甚至与它们一起在笼子里睡觉。后来飞行到中亚，在等待一个国家的飞行审批手续的酷暑日子里，代理父母们也是整天与鸟们在笼子里吃睡。在撒哈拉沙漠，他们用仅仅剩下的一盒水，给雁鸭洗澡，怕它们热出病来。因为他们了解鸟的习性，也理解鸟的感受，将鸟的理念融进了自己的生命之中，把鸟儿们当做了宝贝。

导演特别强调要尊重鸟的自然属性，在飞翔问题上，人需要向鸟儿学习。试飞的练习，是在冰岛南部的斯克鲁郡岛开始的。先是教练用车子带领刚刚三个月大的雏鸟练跑、练循着地面飞行。继而，教练驾驶着经过反复研制的、录像师可以裸露身体在外录拍的飞行器跟着鸟儿们飞上了天空，向鸟儿们学习和练习飞行。这同时也挑战了"铭印理论"的极限：驯养的鸟能否和人密切配合一起飞上天空，小小雏鸟是否有能力飞上天空，飞上天空后它们会不会丢失或者逃走？事实是，那些鸟儿一下子就随着飞行器沿着海岛的水陆边缘展翅飞翔起来啦！这样的成功让人和鸟共同分享着快乐。虽然，也有几只野鸭飞失到了附近的停车场后被找回，但那是最初的迷惘，以后便再没有发生。后来飞行时发生过两次走失，但都是因为外界因素：一次是在沙漠上一只野鸭被野马群冲散，另一次是在高山上飞行被鹰冲散。但它们都很快自己找回了队伍。几次飞行练习以后，鸟儿们便领导了人类的航程。拍摄队伍则千方百计接近鸟群，与它们飞掠地面，水面，最后飞入最辽阔的领域——天空。

一个个的成功，极大地鼓舞了影片的制作者们。虽然他们面临着人为的、自然界的多方面数不清的困难，但却始终干劲十足。

没有在高空运作的摄影器材，没有遥控的越野装置，他们突破了拍摄方式上的局限，通过反复的试验来取得经验。尽管摄制组邀请的飞机制造者和技师们先后研制出了能够追随鸟类飞行速度的三轴超轻飞行机，改造后的热气球、动力伞等飞行器械。但是，人毕竟不是鸟儿，不能像百步穿杨的憨铿鸟那样直上直下地从岩壁向海里俯冲，也不能像海鸥那样轻盈地转身掉头。鸟不会眩晕，更没有惧高症，人则不同。摄制组在南极的峭壁旁搭设了灵活的摄制架，但仍然觉得力不从心，无法如意。在空中也是，那超轻飞行机看起来既轻巧又灵便，但是，摄影师还是感觉难以跟上鸟儿的变奏。当然，在我们看来，他们的飞行拍摄已经创造了人类在天空中灵动自如的奇迹。

更大的困难来自凶险的大自然。为了拍好影片，参与人员从一开始的100多人增加到了500多人，六支常设拍摄队伍，15名摄影师，12名飞行员。一次动用军舰拍摄，仅参与的海军就有150名。候鸟在地球上的重要迁徙路线几乎都飞越拍摄到了，重要的越冬地和繁殖地也几乎都拍摄到了。第一个驾驶着超轻机与鸟儿从欧洲向美洲沿着迁徙路线同飞的加拿大人李士曼的胆量和勇气是令人无比钦佩的。鸟儿可以随时随地栖息，可是超轻机要迫降可不是件容易的事。但是，他竟然与鸟儿同翔，完成了漫长的全部旅程。

飞越高低起伏的崇山峻岭其实是非常危险的。你看白鹤利用热气流上升在空中飘浮滑翔容易又自在，但是，人要想和鸟儿一样就会处于失重的状态。在炽热的沙漠，在风雪漫卷的雪山，在没有人迹的南极荒岛，在惊涛骇浪的大海上，各个摄制组都历尽千难万险，拍回了无数珍贵的镜头。看来，人的能力又是没有极限的，尤其在有鸟牵引的条件下，一个个梦想被激活，一块块新大陆被发现。《鸟的迁徙》摄制队伍，从1998年开始绕地球拍摄了四年的时间，各队队员远赴各大陆不下400次，共飞行了15000个小时，用了400公里长的胶卷，拍得了

松鹤长春（剪纸）　福建　吴寿南

240小时的播放画面。

　　一个摄制组在波涛汹涌的大海上行驶五天，才到达南极的一个海岛，然后，从这个有人迹的海岛出发，步行八个小时，到达一个没有人迹的跳岩企鹅聚集的岛。那是个企鹅主宰的世界：成千上万，无边无涯。那场景令人震惊，那是人世间从来没有见到过的景观。为了在撒哈拉上空追寻白鹤穿越大沙漠的情景，拍摄人员和驾驶员经受了摄氏45度至零度的温差，挑战了人体的极限。因为影片的长度所限，又为了把最好的画面剪辑到影片中，最后不得不对历尽艰辛得到的画面进行大刀阔斧、忍痛割爱的剪裁。一个摄制组在录制地风餐露宿、忍饥挨饿地等待了两个月，又艰辛地拍录了两个月的片子，剪辑后，只用上了一分钟。

　　人为的困难也不少，主要是涉及文物古迹的拍摄和一些著名城市的著名景点的水面和上空拍摄的申请程序。如在美国曼哈顿的水面驾船拍摄和在其上空驾机拍摄，涉及自由女神像和世贸大厦双塔楼的安全，提出申请后，大队人马等待了40天的时间，最终还是得到了批准。现在，影片中的世贸大厦双塔楼倒成了最后的风景。在中国的长城上空拍摄也得到了批准。但是，没有得到批准的地点还是居多。如在法国塞纳河上空的拍摄申请虽然等了几个月，最终却没有获得批准，只准许在河面用快艇拍摄。也许是塞纳河上的文物古迹太多的缘故吧。用快艇拍摄的困难实际上比在空中拍摄的难度还大，因为塞纳河上的古桥梁实在太多，而且桥洞的拱道又窄又矮，拍录的难度很大。好在十分小心，万分注意，艇从桥下过，鸟儿从桥上飞，最后，得以安全拍竣下鸟儿在城市中穿行的美丽画面。

影片的成功，还有音乐制作者们的功劳。《鸟的迁徙》是从来没有的一部以鸟儿为主角的电影，一切都需要创造。因为没有对话，没有解说，音乐的地位就显得十分重要。用作曲布律诺·辜雷的话说，在经过一番痛苦的挣扎之后，终于找到了音乐的切人点，那就是影片的主题——迁徙。他看到，为了生存，鸟类不得不进行的一年两度的大迁徙；它们历尽艰辛，受尽苦难。他理解同情它们。在音乐的创意过程中，他从意向上把自己化做了一只鸟，加入了飞翔的队伍，倾听到了鸟们奋力向前时的振翅声和喘息声。他在乐曲里加进了这些因素，还用大提琴模拟出大雁的叫声。然后，再加进一些鸟繁殖地和越冬地如保加利亚、法国的一些民间音乐。这样的制作，使影片音乐的特质独一无二。再加上世界一流歌唱家的精彩演唱，听了，令人心动不已。年轻的歌唱家尼克凯夫具有让人震撼的情绪唱腔，为词曲注人浓重的戏剧性氛围；年纪稍长的、坐在轮椅上演唱的罗勃·威特，融前卫与英式怪诞于一体，以微弱而坚定的嗓音，缓缓地触动人心最柔软的地方，悄悄地在四处蔓延。他们都是全身心地投入进去，后者把自己关在英国乡间一个偏僻的小录音室里长达半月，深深地钻进去理解之后，再走出来舒展地开口歌唱。还有男声合声艺术水平极高的费勃塔合唱团的小伙子们，看着鸟艰难的奋飞，一遍遍地咀嚼生存的味道和音乐的味道，唱出了世界上从来没出现过的以喘息声和振翅声为主旋律的合唱。

音乐与鸟儿、与天空、与大地，进而与人性紧密地融合在了一起。人心脏的跳动与鸟的翅膀的每一次扇动完全合拍。影片的音乐也是在与鸟儿一起飞行；鸟儿翱翔时，音乐给之以雄

仙
鹤

浑和高亢，如歌如诗；鸟儿遇险时，音乐送去低回与沙哑，如泣如诉。

应该说，《鸟的迁徙》不是记录片，也不是故事片，而是一部富有哲理的自然传奇。影片的制作者们以执著的勇敢和博大的智慧获得了极大的成功。在客观而逼真地展示候鸟迁徙的真实历程的同时，也以深刻的环保主题思想给观众以深深的启迪，那就是：鸟的迁徙是为了生存，而人类要追求好的生存状态，就必须保护好生态环境，爱护那些鸟类等人类的野生动物朋友。

所有参与《鸟的迁徙》拍摄工作的人都深深地爱上了那些鸟儿，那每一只努力奋飞向前的雁鸭、鹤鹳、天鹅。所有观看了《鸟的迁徙》影片的人，也都深深地爱上了那些鸟儿，那些被表现得美轮美奂的雁鸭、鹤鹳、天鹅。当影片拍摄告竣之时，影片的制作者们用著名诗人阮克贤的诗句来整理心情，也获得了笔者的赞同。那就是："我们来世，将不再为人，而是两只高飞的雁鸭。飞越眩目的雪地、海洋、河川，山岭和白云。我们将远离红尘人世，仿佛从未降临。"

感谢影片《鸟的迁徙》，是它让我们的眼和心，随着那飞翔的鸟群，飞进了蓝天白云，飞进了理想的境地。

中国鹤画

  中国画，习称国画，是我们中华民族传统文化的重要组成部分。它以独特的审美风格，在世界艺术之林放射出夺目的光彩，拥有特殊的地位。中国画有三个主要的支派：人物、山水、花鸟，而鹤则是花鸟这个支派中最为重要的题材之一。因为鹤在中国人的观念中，代表着吉祥长寿的美好寓意。鹤在远古就与龙凤一样被尊为图腾，受到人们的顶礼膜拜。鹤和其他一些仙禽瑞兽一起自然而然地走进了文艺的殿堂。在诗词曲赋等文学作品表现鹤的同时，绘画也在大展身手。鹤进入绘画领域后，渗入了作者强烈的思想感情，较之自然物的鹤，更典型、更有特性、更富有表现力。在技法上，无论注重写生，追求形似；还是崇尚写意，追求神似；或形神兼备，相得益彰；或中西合璧，别开生面，都有很多成功之作流传于世。

  具有独立意义的中国绘画作品，已有两千多年的历史，而带有绘画性质的遗迹，则有五六千年的历史。新石器时代的绘画表现以彩陶为主要载体，陶器图饰可以看做是中国绘画的萌芽。中国花鸟画从形象创造上也是由此开始。夏商周奴隶社会时期，文学艺术以青铜为标志。秦汉时期，以画像石、画像砖为代表的石刻艺术成为时代特征。其间，战国楚和西汉帛画是我国目前可见的最早具有独立意义的绘画作品。花鸟形象图案在这些艺术形式上都有体现。而魏晋时代顾恺之的《女史箴图卷》则是我国现在最早的卷轴画。唐朝是绘画艺术走向成熟的阶段，花鸟画在此时形成，并在中晚唐从作为人物画背景的附属地位中分离出来独立成科。宋代是我国写实主义绘画的全盛时期，尤以山水、花鸟为盛，画家们在山水花鸟画中所达到的艺术技巧日臻完善，接近了自然审美与艺术审美的统一。元代绘画以笔墨情趣取胜，花鸟画笔致柔劲清丽。明清时期的绘画艺术进一步发展了摹古和创新两种艺术潮流，花鸟画则以激昂清新的情调来建立表现自我个性的写意花鸟和文人墨戏的画坛新秩序。

作为花鸟画重要组成部分的中国鹤画是在造型艺术基础上演化出来的，经历了由简朴而日趋工巧、成熟洒脱的漫长发展过程。

我国最早而珍贵的鹤形象工艺品应首推春秋早期的巨大青铜盛酒器莲鹤方壶。其造型生动活泼，从传统的创作技法中脱颖而出。壶盖周围制出莲瓣二层，花纹精致，具有很强的概括性。莲和鹤具有同样寓意，同是神圣、高洁、祥瑞之物。一只真实自然、清新俊逸的鹤，立于莲花中央。它独立一足，引吭高歌，展翅欲飞，充满了生机与活力。郭沫若在《殷周青铜器铭文研究》一文中曾赞美它："此正春秋初年由殷周半神话时代脱出时，一切社会情形及精神文化之一如实表现。"这一时期表现鹤题材的青铜工艺品还有藏于故宫博物院的做工精致的立鹤方壶。

较莲鹤方壶稍晚的有鹤的形象的青铜器工艺品是战国早期的鹿角立鹤，这是我国第一个象征祥瑞的鹿角造型，作品雄浑古朴，想象大胆，造型夸张。作品让鹿的长颈和鹤的长足共用，又让鹤身和鹿首共用，再让鹿角和鹤翅共用，整个造型浑然天成，既挺拔向上，又俊逸脱俗。此件珍品藏于湖北省博物馆。战国早期的鹤题材工艺品还有藏于云南大理博物馆的鹤纹编钟，做工也极细腻。

　　秦始皇陵园集中体现了青铜器工艺品的最后辉煌。在秦始皇陵园2003年考古发现的众多青铜器水禽中，有青铜仙鹤1件。青铜仙鹤俯首啄着一条青铜虫，准确地表现出了仙鹤从水中取食的瞬间形态。此前在这个陪葬坑里还出土了5件原大青铜仙鹤。这些仙鹤都被塑有长长的腿，俊逸之躯俯向水面。

　　帛画形制，是我国绘画史上的一个重要的艺术现象：墨线概括物象的传统绘画的基本审美形式于此初步确立，也标志着具有独立意义的中国画史的开始。与此同时出现的，还有战国帛画《人物御龙》，图中的人物就是出土帛画的楚墓的主人。他飘飘然置身于神话中的龙背之上，手持缰绳，高冠长袍，踌躇满志，仙鹤在旁边相陪，这象征他地位的高贵。那只仙鹤充满了潜在伟力，无任何羁绊，自由地立在龙尾，两目圆睁，昂首仰望，正好与人物背向而立，似是各自环察半壁云霄，互相呼应，成为人物遨游太空的密友和后盾。这幅画，幻想与现实结合，反映了人类追求死后幸福的愿望。它与莲鹤方壶和鹿角立鹤在艺术手法上的共同特点是，来源于生活实际，又不拘泥于生活原形，具有一定的象征性、浪漫性，在思想内涵上表达了春秋战国勃勃向上的时代精神。帛画在西汉时大兴。出土于长沙马王堆一号墓的西汉帛画在技法上，体现了我国绘画的墨和线为主、色为辅的风格。此画分天国、人间、地下三部分。天国里气象万千，环绕人类始祖女娲周围，有鸿雁、异兽、飞龙、神豹等祥禽瑞兽，鹤作为人们想象中的仙禽，被安排在天国。帛画中绘有九轮红日，五只仙鹤。群鹤仰首而鸣，仙气十足。此画是鹤在艺术品里登仙的初始定格。这之后的东汉《列仙传》及晋代《搜神后记》两书，又收入了王子乔和丁令威驭鹤化鹤的故事，更为后人创作仙鹤图画提供了素材。

魏晋至唐代，花鸟画趋向独立成科，鹤作为花鸟画的重要题材被广泛运用。鹤的艺术造型日趋完善，表现手段也丰富多彩，显示出艺术化的特点和繁荣景象。到了唐代，由于统治阶级爱鹤及其影响，加之越来越多的文人爱鹤、咏鹤、画鹤，以及民间画鹤的艺人、工匠辈出，使画鹤蔚然成风。从壁画到绢本画乃至陶器、漆器、螺钿镜上，都有栩栩如生的仙鹤。唐代鹤画的精湛技艺和人们对鹤形象的喜爱程度，可从周昉的《簪花仕女图》中窥见一斑。图中有四嫔妃和两侍女，鹤是为渲染仕女典雅的生活环境而设置的。丹顶鹤的造型准确生动，左足着地，右足微抬，举步欲行；颈弯如弓，玉翅半张，呈助步姿态。仕女的长裙上，也绣有丹顶鹤图案。盛唐时，花鸟名画家薛稷以画鹤知名。他笔下的鹤，时人誉为"四绝之一"。杜甫曾作诗赞扬过"薛公十一鹤，皆写青田真。画色久欲尽，苍然犹出尘。低昂各有意，磊落如长人"。五代西蜀画院名家黄筌，是花鸟画步入成熟期的代表和黄派的创始人，他即以画六鹤著称。他奉蜀主之命画六鹤于偏殿壁上，此殿后被更名为"六鹤殿"。殿壁上六鹤，姿态各异，或警戒、或啄苔、或唳天、或翘足，惟妙惟肖，可谓以假乱真。此后，六鹤图结构在画坛风行千年不衰，主要是此图立意好。可用谐音暗寓，六鹤为"六合"的谐音，而六合含上下四方，泛指天地万物。发音与"六鹤"相近的鹿鹤图也随之兴起。

后人常将稷筌放到一起赞赏。如北宋画家、诗人文同曾在《李生画鹤》诗中赞其画技之高。提到齐名画坛的薛稷、黄筌"稷筌如复生，相与较独步"，以此赞美李生的独特才华可以与稷筌相媲美。五代徐熙为徐派的创始人，也是画鹤高手。他的《鹤竹图》以线条墨色为主，轻色淡染中的鹤神情俊逸，与丛竹浑然一体，寄托了画家高迈、放荡不羁的风骨。作于中晚唐的佚名《药师净土变相图》（部分）现藏大英博物馆。绘一只祥鹤刚从莲池上到岸边，正展开双翅和尾羽，抖落身上的水珠。只以线勾出轮廓及羽毛，眼以墨点出，并留有高光，炯炯有神。喙及胫爪着肉色。用笔简洁，造型生动，准确自然。

宋代的花鸟画迎来了黄金时代。直承西蜀、南唐的黄徐两派，画家云集，精品频出。宋初的一百多年中，皇家画院领导画坛主流。宋朝第八任皇帝徽宗赵佶是一个兼收徐黄两派艺术风格的杰出画家，《瑞鹤图》是他30岁的作品，是宋代鹤画的杰出代表，以至于影响了宋以降的一部中国鹤画史。画面上半部共画了20只仙鹤，18只环绕瑞门飞鸣，另两鹤相向落在皇宫鸱尾之端。下半部皇宫巍峨，中间衬以馥郁的祥云，再配以他独创的秀劲的"瘦金书"的御笔纪事、题诗。上下左右之间疏密错落，有机呼应，洋溢着一派太平祥瑞的气氛。另外，此图的配色、构图也都有高超之处，令人叫绝。在色彩的处理上，天空及宫殿周围的祥云均以平涂渲染，更烘托出仙鹤的动飞之势和曼妙体态，气氛祥和吉庆。用大片匀净的石青铺成底色，以衬托用淡笔勾出的云层；白云以淡红相染，仙鹤羽白翎黑，蓝天红云相辉映，在绚丽典雅中突出整幅画作祥瑞的主题。在构图立意上，收视线压得很低，留出大块天空，宫殿只露出顶部飞檐，占画面的三分之一不到，使晴空飞鹤醒目而有生气。笔法轻俊有致，墨色浓淡变化自如，这在前人是颇为少见的。《瑞鹤图》代表了徽宗时期院体画的高超水平，因为重视对生活细致入微的观察，所以其画作才造型逼真，刻画细腻，赋色艳丽。这种"周密不拘"的写实主义创作态度，对当时发展花鸟画的民族传统风格是极有意义的。

《瑞鹤图》问世一百多年后的理宗时，宫廷画家禅僧法常创作了《万岁竹千年鹤》，亦称《鹤图》。竹作为鹤的背景，全部用写意画法，墨色浓淡干湿富于变化。淡墨渲染背景，以烘托主景物；鹤则用笔颇工，精确而自然地描绘出了鹤那轩昂、阔步、鸣唳的神态，仙韵十足。鹤占满了画面的三分之二，它是真正的主角。这幅画，反映了法常刻意创新而不泥古的画风。此画现藏于日本大德寺。法常是南宋画家。初儒生，中年出家。擅画龙虎猿鹤、花木禽鸟、山水人物。亦作泼墨山水，其笔墨萧散虚和，或用蔗渣草结，随笔点墨，不费妆缀，意趣盎然。传世作品有，观音、猿、鹤三联幅，《鹤图》为其中之一。

明代嘉靖万历以前，名画家辈出，且有多幅著名鹤画传世。著名的有明代早期花鸟画高手、院体派花鸟画的鼻祖边景昭。他于永乐年间入京，任武英殿待诏，专为宫廷作画。其博学能诗，擅画禽鸟、花果，师南宋画院体格。他画的花鸟优美而不流于柔媚，且注重对象的形神特征，设色沉着而妍丽，具有新的格调。尤工花果翎毛。他的鹤画代表作品较多，均显示了他深厚的功底。其《竹鹤图》（亦称《双鹤图》）为他的传世代表作品。构图疏朗：溪水坡岸两只白鹤，一只垂首下喙觅食，另一只转项回首整理翎羽，情态各异，悠然自得。三棵老竹劲挺耸立于仙鹤间，小竹丛生，环境清幽净洁，更加烘托出仙鹤轩昂高洁的气质。笔法朴拙：用笔细腻而不板滞，色泽浓艳而不流于柔媚；用白粉、细笔勾画仙鹤羽毛，颇得质感；以细毫写脖颈及尾羽绒毛，极工整细致，毫微毕见；老竹中锋勾勒填色，远处浅滩以淡墨晕染，隐约可见。风格浑厚，近似南宋院体画法，表现一种生动自然的质感。翠竹亭亭而立，用固定式组叶法写成；双鹤一垂头，一张翅，笔调极工。其《白鹤图》长卷画面气势恢弘，笔法精确。此画现藏北京故宫博物院。图中的鹤神情姿态各异，彼此呼应，栩栩如生，起止于青松、山石、苍竹、粉梅、桃实、水波掩映的环境中，给人以美不胜收之感。与他同代的韩昂曾在《图绘宝鉴续编》中赞誉他："善翎毛花果……不但勾勒有笔，其用墨无不合宜，宋元之后殆其人矣。"

　　李辰也擅长画鹤，他的代表作是《喜鹤图》。画面上除了双鹤外，还有四只喜鹊停在苍松虬枝上，张喙作态，似与一鹤对语，精美生动，妙趣横生，表现了分外喜悦祥瑞的主旨。实际上，松鹤结缘，早已屡见于唐诗，宋代的民间吉祥如意图案中也有鹤与松组成的延年益寿内容。但将鹤与松列入一个画画，这幅画是首开先河。但画的主旨是赞美喜鹊和鹤，松显然不是主角。然而，其却为以后无以计数的松鹤图启了蒙。而后，真正以松鹤延年为主题的，是著名画院写意画家林良。其擅画花果、翎毛，着色简淡，备见精巧。其水墨禽鸟、树石，继承南宋院体画派放纵简括笔法：遒劲飞动，墨色灵活，有类草书。为明代院体花鸟画的代表作家，也是明代水墨写意画派的开创者。他的《松鹤延年图》，用笔苍实，造型简约，墨色清润。松下为鹤，一张喙伸颈，一曲颈回首理羽。画的下端用纤竹、兰草等陪衬，明晰地突出了松鹤延年的主旨。明代还有叶双的《松梅鹤雀图》，但都没有像林良这样开宗明义、旗帜鲜明地推出松鹤图。林良的这幅作品，是对以往诸种瑞鹤图的总结和完善，在已有的云鹤图、喜鹊图、麟鹤图、鹿鹤图的基础上，提出了最具祥瑞长寿意义的典型结合物。自此以后，历代的名画家，无不有松鹤图，都是对这一传统题材的进一步生发。

仙鹤也引起了文人画家的注意。自称"江南第一才子"的明代唐寅（唐伯虎），画花鸟喜用水墨，清秀俏丽。在他的《王母蟠桃图》中，一只仙鹤，双翅伸张助步，追奔向前走来。喙首斜仰伸向右后方，与王母相对；而怀抱蟠桃的王母正微倾胸项，双眸俯视，与鹤呼应。整个画面活泼洒脱，情趣盎然。沈周的画风苍劲浑厚，气势雄健而又不失风流蕴藉。他的《桐荫玩鹤图》，受到乾隆皇帝的青睐。画面上一位老者怡然而立于河畔桐荫之下。水光粼粼，岸边泊一舟，一鹤站立船头，引颈凝神，作引逗老者之态。主客颠倒，野趣横生。画的上方题诗一首："两个梧桐尽有凉，自扶一杖立斜阳，何堪白鹤解人意，来伴华闲过石梁。"画笔传神，诗情雅逸。乾隆皇帝御笔亲批："赏趣"，并且于其上题诗两首。唐寅、沈周同属明中叶四大艺术家之列，四人中竟有两人有著名鹤画传世，实在可以说明鹤的地位之高。

清是中国封建社会的后期。这个时期的绘画艺术进一步发展了摹古和创新两种艺术流派，而在文人画始终是压倒一切的潮流的同时，民间的绘画艺术也在繁荣和发展。这样一种时代特征决定了画坛思想的活跃和流派的交融。在崇古画风的大势中，也有不少清闲的画派产生，重情性的水墨写意画派也有所发展。

清初，院体花鸟画的风格，一洗元明以来画院花鸟画勾填重彩的传统，没骨写生画产生，画风由浓艳富丽变为清秀柔媚。时称"四大高僧"之一的朱耷（八大山人）是明宁王朱权的后裔，明亡后曾出家为僧，后又为道士。擅画花鸟、山水，画风雄奇俊永，自成一家。花鸟以水墨写意为宗，形象夸张奇特；山水师法董其昌，用笔凝练沉毅。他还擅书法，能诗文，传世作品较多。他的画意境清旷孤寂，笔法雄奇酣畅，笔致简练，内涵丰富。虽然其也受到院体花鸟派的影响，但都汲取其画艺精神而不留形迹，同时还吸收了民间艺术拙朴的格调，在清初画坛上产生了振聋发聩的影响，对后世水墨写意花鸟画的影响极大。他的鹤画很多，尤以《仙鹤图》《松鹤图》《松荫双鹤图》和《桐鹤图》更为出众。《松鹤图》中的松鹤并重，一枝由下至上的曲干老松在图的上方横斜支出，几只松叶简笔勾出；丹顶双鹤占据整个画面，上者立于松干，下者立于地面，都是单腿独立，英姿勃发，格外健硕有力。右下角缀有两叶灵芝仙草，长寿寓意十分明显。整幅画仙气十足，不同凡响。《桐鹤图》画面简朴而雄浑；一桐枝硕大，一孤鹤伫立其上。这些鹤画，反映了他强烈的个性，表现出昂首"白眼向青天"的样子，处处透露出一种不与清廷合作的遗民傲骨。与朱耷境遇相似的还有明遗民徐枋，他是崇祯十五年举人，入清不仕，作有《松岩观鹤图》。

扬州画派在清初画坛很有影响，出现了"扬州八怪"。黄慎是"扬州八怪"之一，他画有一幅《赵公琴鹤图》。此画取材于《宋史·赵抃传》，说的是赵抃官迁成都转运使，唯携一琴一鹤以随的事。画面中央有一三足琴，一童子处于正位，旁一长者（赵抃）身躯微倾，似教童子抚琴；鹤立于前方左侧，面向赵公，似在倾听琴曲。画面简洁得当，画意高雅不群，画笔美妙传神。画上行狂草题诗一首："焚香必告，琴鹤自随；朱弦玉轸，皆告和间；缟衣玄裳，皆吾同类。"不知是别人所题，还是自题，总之，盛赞了赵公高洁清廉，也显示了作者的学问、才情和创新精神。这正是扬州画派所追求的。华喦也是"扬州八怪"之一，亦为清初画坛上花鸟画之大家。他的《松鹤图》充满着秀逸的韵味：松以中锋缓缓写出，力透纸背，柔中带刚；双鹤毛羽莹晶，清俊可爱。再有，"扬州八怪"之一的李鱓，创破笔泼墨作画之法，画风大胆泼辣，不拘绳墨，而感情充沛，兴趣盎然。他的《芭蕉图》立意凄凉新奇。画面上前后两棵芭蕉，前小后大；独鹤则藏在两棵芭蕉之间，鹤身半遮半掩。鹤一足独立，颈全缩，喙紧闭，反映了他被罢官后的抑郁、失意与无奈。清初画坛上的鹤画，还有"扬州八怪"之一罗聘的《高僧领鹤图》《鹤石图》及王翚的《鹤亭图》等。《高僧领鹤图》画一高僧扶着手杖，在竹林间回首对鹤；孤鹤一只，俯首啄腿，生动有趣；清竹数竿，潇洒清丽，别致高雅。此作笔墨古逸，思致优雅，有大家之风，反映了画家避世出尘追求清静之情韵。清初，这么多的名家纷纷画鹤，在总体风格上都代表了中国画发展中不守陈规的创造精神。从他们的作品中不难看出画家们的笔墨和意境追求。同时，也说明已上升为一种文化的鹤，最能表达文人画家落寞的遗民倾向和不受羁绊、超然在野的自然心态。

清初创立了指头画流派的高其佩也是画鹤的高手。因为指头画以指蘸墨，骈指点踅，随意飞动，用线拙且活，别饶其趣。他的指头画《松鹤图》一鹤站在有干无叶的松枝上，一鹤俯身下飞。用墨极精，用笔极简，将双鹤身上的黑白羽毛以浓墨和淡墨皴擦相间的笔法恰到好处地表现出来，在黑白墨色的强烈对比中，表现了鹤的质朴情态和轻盈俊逸，手法独特老到。

康乾盛世，宫廷画家中的代表人物沈铨，工花鸟走兽，画风严谨不苟，"精微处照顾气魄"，以精丽见长。其晚年常作松鹤图。他的《松鹤图》取松鹤延年的传统题材，又加入竹、梅、南天竺、灵芝等植物。素材丰富，工整细润。山石之下，一弯溪水如练；溪边石畔，青草浓密。峭壁之上，探出虬曲的松枝、苍劲的梅干、青翠的竹丛。一鹤挺立双足，立于溪边石上，昂首唳天；一鹤隔溪斜对，独立一足，俯视清流。背后数株南天竺，枝叶扶疏，红豆似的果实累累，与怒放的宫粉梅花呼应，构成了一幅恬静而清丽的画面。此画极勾染之巧，颇有深厚的写生工力，于工整中别具雅韵。沈铨曾在雍正年间应邀赴日，在日本有一定影响，我们从日本画家文正、岸驹的鹤画中，也可领略到沈铨鹤画的遗韵。与沈铨同期的名画名作还有邹一桂的《蟠桃双鹤》，亦为喜庆贺寿题材，颇受统治者珍爱。

鹤画受到普遍重视，来自意大利的清宫廷画家郎世宁，也创造出了融中西画法于一体的新体绘画。他在清廷历经康熙、雍正、乾隆三朝，创作了大量反映三朝时期各方面题材的绘画，留下了近百件作品。郎世宁在画坛及宫廷画院占据着重要地位。在华五十年，他深受尊崇，也深得中华传统文化的精髓，使自己的创作符合中华民族的欣赏习惯和传统习俗，他以中西合璧的风格作了若干幅鹤画。其中著名的有《花荫双鹤》和《六鹤同春》。前者画有双鹤及其双雏。画面左下方一只大鹤正迈步行走，忽曲颈回首作凝思状，正与旁边追唤而来的雏鹤相呼应。另一雏鹤正右行，也驻足回头注目。另一只大鹤处于右上方，一足独立，回首观望此一大两小鹤群。画面正上方用淡雅的雁来红（长春花）填充，下方一丛菖兰正开着幽蓝的花。画面亲切自然，有夺真之感。显示了作者惊人的观察力和高超的写生技巧。

清末，受资产阶级改良思想的影响，一部分画家锐意开拓，大胆创新，出现了"海上画派"。他们虽然师承方向不同，艺术感觉各异，但都有改革中国传统绘画，敢于标新立异的共同艺术志向。"海上画派"代表人物之一的任颐（伯年）是清末画家，擅画人物、花卉、翎毛、山水、尤工肖像。重视写生，钩勒、点簇、泼墨交替互用，赋色鲜活明丽，形象生动活泼，别具格调。任伯年的鹤画最多。如《松鹤竹石图》《牡丹仙鹤图》《松鹤寿柏图》《梅边携鹤图》《松鹤图》《松鹤延年图》《蕉菊仙鹤图》《独思》等。虽然鹤画多，但他并不重复自己。如他画的鹤，或团团圆圆，如《松鹤图》，工重写轻，鹤形描绘一气呵成；或简单线条勾勒，写主工辅，如《梅边携鹤图》、《松鹤延年图》线条都是时断时续，鹤羽参差。《独思》构图立意很独特，画面上的独鹤将颈缩人肩中，凝眸休息，神态悠闲，这在以往的鹤画中还未曾见，这种画法对清末鹤画造型有很大影响。

虚谷也是"海上画派"的代表人物。他原为清军参将，但因不愿镇压太平天国军队而弃职为僧，专业绘画。他的花鸟画绝无清代院体的程序框架和陈腐之气，风格冷峭新奇，俊雅鲜活，别具匠心，无一笔滞相。其擅画松竹梅兰"四君子"、松鹤等传统题材。画法不拘于气，多用干笔、偏笔，笔断气连，若即若离。他的《松鹤图》《仙鹤寿柏图》《梅鹤图》，都表现出那种独特的风格。《松鹤图》（亦称《松鹤延年图》）是虚谷64岁时所作，气法超逸淡雅，设色清秀明丽。画面正中是一只仙鹤。那鹤一足独立，颈微缩，喙微张，鹤身后面是一株枝干微斜的苍松，苍松下面是满地花盛叶茂的黄菊。藤萝四垂，松叶茂密。《仙鹤寿柏图》中一株遒劲弯曲的柏树干占满了画面；树干前有一片水仙盛开，水仙后是一个黛蓝色的巨石；一只动态的鹤占的是画的下半部，独鹤半缩颈，半抬足，羽衣正舒散。虚谷的鹤画在形式上追求笔墨情味，总是设法将花卉与鹤鸟有机地结合在一起，有动有静、有声有色，给人一种清新自然的审美感受。《梅鹤图》中二鹤站在竖贯画面的粗大梅枝上，居高临下，伸颈下望，俯视凡间，仙气十足。梅树始以湿笔淡墨写出，后以干墨复加勾点，线条断续顿挫，笔断而气连，苍劲而挺秀，形成了清虚的韵味。梅花以圆笔勾画，瓣似珠玉，稚拙古朴。鹤用笔极简，用浓墨写头尾羽，画面设色清淡，鹤顶却以朱红重色点醒，使整幅画冷隽之中又富变化，质朴而又耐人寻味。

由于清王朝的没落，皇家画院从道光以后已名存实亡，但中国画的创作并未中断。并且由于大批画家走出国门，到国外学习借鉴，进而使其画作无论是写意，还是工笔，都在传统的基础上有所创新和进步。在近现代绘画史上，有鹤画传世的写意画家很多，如吴昌硕、齐白石、高剑父、徐悲鸿、卢光照、潘天寿等。他们经受了历史的沧桑，脱去了往昔身心上的羁绊，又受到西方绘画的影响，在表现技法和题材选择上都很自由，各具特色。

吴昌硕既是书画家又是篆刻家。博取诸家之长，兼取篆、隶、狂草入画，雄健古拙。其作品重整体、尚气势，有金石气。对用笔、施墨、敷彩、题款、钤印等的轻重疏密匠心独运，配合得宜。艺术上，吸取徐渭、朱耷等人之长，也受了任伯年的影响。他的《松鹤图》为松下双鹤，笔墨纵横跌宕，雄浑苍老。齐白石、潘天寿又受到吴昌硕的影响。齐白石在60岁时，重视创新，融合传统写意画和民间绘画的技法，形成了自己的风格。他的鹤画《君寿千岁》《鹤》均只画一鹤，因笔墨雄健，造型简练质朴，故鹤形象康健昂扬，看不出丝毫的形只影单，反给人以奋疾之感。潘天寿也追求这种写意文人的特色，构图善于"造险""破险"，富有趣味，创立了独特的厚朴、劲挺、雄阔的大写意风格。他的《鹤在独思》《松鹤》，画面都只画一鹤。前幅在古梅下，鹤缩颈而立一侧，别有一番情趣。

徐悲鸿曾留学法国，融中西画技为一体，作花鸟简练而明快。他的鹤画有《松鹤》《病鹤诗意图》等。《松鹤》描绘了近20只形态各异的鹤。松干粗大，松针葱郁。鹤皆清俊疏朗：或站立松干上，或站立在松树下。将工带写，用笔简约明朗。高剑父是岭南画派创始人，后赴日本学画，擅花鸟走兽等。其画融进日本和西洋画法，别具特色。他的《松鹤延年》很有代表性。一鹤立于松干上，曲颈回首理丽羽，虽笔法简练而神韵天成。鹤的羽毛和粉染成，有很强的立体感。卢光照的《鹤寿》画一鹤憩息于盛开的紫藤之下。鹤神态安详，宛如一个梦幻中的孩子；紫藤淡雅，如云似雾。整个画面似随手挥洒而成，却层次鲜明。书法字迹通俗，颇见功力，体现出水墨阔笔粗放写意的画风。留学法国的美术教育家吴作人的《鹤舞千年》，画的是一对仙鹤同朝一个方向展翅鸣叫的侧面形象，均是前足直立，后足稍翘。不同的是，前面的鹤双翅下舞，后面的鹤双翅上扬。线条清晰洒脱，画面淡雅而富有神韵。这是他革新传统，张扬个性，创造意境，熔古今中西为一炉主张的体现，也是他美术面向人生，注重从生活中汲取营养的结果。为了把鹤画好，他深入鹤乡，认真观察，发现了丹顶鹤的尾羽并不是黑色的，黑色的是翅膀梢的翎羽。因为翅膀梢比尾巴长，两只翅膀往后一并，黑翅膀梢就严严地盖住了白白的尾巴。他笔下的丹顶鹤形象活灵活现，极为逼真，令人爱不释手，成为鹤画之精品。还有杨善琛的《古松双鹤》、欧豪年的《双鹤鸣春》、高逸鸿的《松鹤遐龄》等鹤画也都体现了各自的写意风格。

虽然近、现代画家的鹤画多倾向于水墨写意，但工笔重彩技法也同样后继有人。工笔画的工整、细致、艳丽、逼真，博得群众的喜爱，这是产生工笔画家的深厚土壤。陈之佛，是中国第一批研究工艺与染织图案的留日学生，又兼工工笔花鸟画。他的工笔花鸟具有乱真的视觉效果，在画界负有盛誉。他的《松龄鹤寿》《鹤寿图》《梅鹤迎春》等鹤画精品，均从传统风格中脱颖而出，洋溢着他的热情，显示了他多方面的才能。《松龄鹤寿》是向国庆10周年献礼之作。是其工笔花鸟画中的巨作，是最具代表性的作品之一。画中10只横向而列的丹顶鹤有俯有昂，神态各异，矫健雄壮，气冲霄汉。鹤羽丰满、纹理自然，艺趣天成，耐人寻味。从画面右上方垂下大朵大朵的墨绿色的青松叶团，郁郁葱葱，欣欣向荣。整幅画象征着10年来的伟大成就，寓意祖国万古长青。全画构图严谨，气势宏伟，笔法雄健，色彩典丽，风格鲜明，堪为现代花鸟画"古为今用，推陈出新"的杰作。《鹤寿图》中的双鹤一仰一俯，仰者张喙鸣叫，俯者低首沉思；四足并立于一块墨绿色的岩石上，岩畔是五朵粉色或红色牡丹。双鹤头顶是两棵盘曲的桃枝，枝头缀着五枚淡粉色的寿桃。牡丹和桃树的叶子青翠欲滴，生机勃勃。淡粉沾黄的背景色彩充满喜庆。金鸿钧的《松鹤图》，似从沈铨的《松鹤图》变出，艳丽而不失风雅。画中一弯溪流潺潺，近景的溪边石畔衬以淡雅的水仙，一鹤居中，神态宛然，素雅的松竹梅之间，点缀着富贵的牡丹。几乎物物有寓意，整个画面洋溢着极浓的祥瑞气氛。陈大章的工笔画《日本兴福寺图》给人以宁静致远的感觉。古寺、樱花、远山，朦胧的树影，四只远近不同、姿态鲜活的鹤翱翔其间。台湾喻仲林的《松鹤颂寿图》，由陈隽甫补松，相得益彰，颇为精练。此外，李苦禅有《白鸟鹤鹤》《绿雨鹤昂图》，黄胄有《鹤寿图》，王雪涛有《鸢尾双鹤》，鹤画作比较多的刘奎龄有《鹤颂梅红》《鹤舞松前》等。

现当代，鹤的造型艺术，日益向工艺美术和装饰画以及雕塑摄影等诸多领域扩展，呈现百花齐放的繁荣景象。这也可看做是中国鹤画的触角已延伸进其他艺术体裁中。丁绍光的现代重彩画始于20世纪70年代初，延续至今已有30年的历史，是传统工笔重彩在现代文化和现代审美条件下变革和发展的一种新样式。丁绍光的画，人与自然和谐相处，人鸟并重，共同来烘托一个主题。在技法上，强调线条，构图饱满，色彩绚丽凝重，造型夸张变化。他的现代重彩画美轮美奂，具很强的视觉冲击力。《鹤与阳光》中一道阳光上下贯穿，一少女合十而立，七只鹤形成一个人字，奋力向前飞翔。他画中的鹤均呈有秩序的飞翔姿态，与人物和谐呼应。《人与自然》三名少女向上伸出双手，仿佛托着希望放飞，七只仙鹤一字排开向前飞去。著名的还有《艺术女郎》《紫色的梦》等，鹤的造型均十分考究。

还有一些鹤主题的鸿篇巨制都体现了民族工艺美术很高的水平。武汉长江之滨的大型群鹤雕塑、北京市首饰厂的京绣《仙苑集庆》、齐齐哈尔的大型群鹤雕塑《鹤乡春晓》等，都以健美洁白的群鹤为讴歌主体，或工巧艳丽，或气势雄浑。同时，中国鹤画的传统题材也得到了进一步的继承和发挥，松鹤图、鹿鹤图、六鹤图、百鹤图等图构仍然受到当代人民群众的广泛喜爱。哈尔滨刘中和的《百鹤图》，甘肃英建成的《疑是故乡行》，上海陆正一的《瑞鹤图》，都是群鹤多姿，山川壮丽，洋溢着浓烈的祥瑞情调。其中《瑞鹤图》的鹤均呈昂首鸣叫、振翅腾跃的姿态，给人一种奋发向上的激励。

当代东北以鹤画见长的画家较多，可能由于东北是鹤的故乡，地域风情为艺术家提供了创作源泉，使他们有更多的机会接触鹤，得以反复细致观察、描摹写生。辽宁画家杨德衡是当代画鹤高手。他到鹤乡去观察体验，烂熟于心；在传统中苦练深究，风格自成。其题材上让鹤返璞归真，放它们回归到沼泽、湖泊、芦苇荡、水草地中，放飞它们到晴空里、月夜下。艺术方法上中西交融，中主西辅：既运用传统的工笔重彩花鸟画技法，充盈着民族风格之韵味；又在色调的晕染上、画面不露白，参照西法。正如文物鉴赏家杨仁恺先生所评价的那样："写生妙笔，体兼徐黄；晴空舞鹤。气象辉煌。"他沿袭自己的风格，历时七载完成了《春归》《对歌》《问世》《哺育》《教子》《初试》《舞恋》等描绘丹顶鹤生命历程的14幅组画，堪称创举，也可以说是他全部心血的结晶。他大胆打破传统，率先将苇鹤融入一个画面。因自古芦苇寓意卑微，千百年来，芦苇一直被追求吉祥的国人舍弃而选寓意长寿的松树与鹤构成"松鹤图"。他站在自然的土地上，以现实主义风格，还鹤于芦苇。《高秋图》甚至给芦苇以主要地位，让一大朵一大朵的芦花占据四分之三的画面，四只鹤则休闲地隐逸在一角。这是鹤生活的真实写意。《舞恋》中的11只鹤全部在张开翅羽舞蹈，将自己美丽的姿态在沼泽湿地尽情地展示。《春归图》的白云蓝天背景中，群鹤俯视山海，展翅翱翔，从天而降。看他的鹤画，每一张都老道精熟，美哉，壮哉！

画家邓文欣，原籍辽宁，工作在吉林。他离鹤的繁殖地扎龙较近，对于不同季节的鹤都有所了解。因此，他的鹤画填补了许多空白。如卧姿的鹤，雪中的鹤，在以往是无人涉猎的。他塑造了很多的雪中卧鹤形象，充分体现了北国的气候特点，也增加了鹤生活环境的圣洁和仙气。《北国秋月》气氛静谧，黄花点点的芳草地上几十只鹤卧满山坡，唯有一只在空中盘旋放哨，一只立于鹤群中伸颈瞭望。《银装世界》中18只鹤卧在瑞雪纷飞的灌木丛中；《塞外春雪》13只鹤一字排开卧在洁白的冰雪中。他的创作真正还鹤于野，他作品中的鹤都处在大自然中：或苇丛，或草地，或溪畔，或雪野。盘锦画家胡泽涛也以画鹤见长，他的鹤画多用淡彩没骨法，不留空白的画面背景多由芦苇弥漫填充，鹤则点缀其中。其鹤画作品《芦海恋歌》在全国工笔画展中获得过名次。

辽宁油画家周卫，并不以花鸟题材见长，但他画了一幅《长空万里》，便被《美术》杂志选为封面。涌动的云，金翅的鹤，好一幅万里风帆正举图，足见其功力。

东北鹤画居多，还有一个原因是文化的传承。在铁岭，指头画的传人杨一墨被杨仁恺先生誉为"在指头画巨匠高其佩的故乡，竟于300年后脱颖而出的指头画继承人"。他像其宗师高其佩一样，山水、花鸟、人物俱佳，而鹤画亦很有特色。他的《祥瑞图》把一双鹤放归自然，在海浪般的芦苇荡里，挺立的双鹤正朝拜着那轮喷薄欲出的红日。是对人与自然和谐美景的上好描绘。他的指法不拘一格，兼工带写，点染、勾勒、泼墨诸法并用，浑然天成。铁岭指画家张晓风的《鹤寿》描绘的是双鹤站在粗大的松干上，气定神闲怡然自得地各自回首整理着毛羽，健康长寿寓意浓郁。他的指法简练，尤其胫足只用单线勾勒，更呈现出一派鹤的仙风道骨，大有高其佩指画的写意之风。铁岭工笔画家李凤军也以鹤画名。他擅长翎羽，无论是《清风雅韵》中奔走的独鹤，《相依》中对舞的双鹤，还是《鸣春》中迎风而立的群鹤，都精谨细腻，妙穷毫厘。沈阳军区的聂义斌也擅画鹤，他的《露浓惊鹤梦》饶有情趣，三只仙鹤站立在水中观看一只仙鹤在跳跃舞蹈。构图上不留虚白，翠绿的苇丛和白汪汪的水面充斥了整个画面。他们的鹤画都通过描写鹤之长足长颈长翅来体现其舒展不凡的英姿。

外省也有很多鹤画的热衷者，且往往绘作长篇巨制。如河南的史银章、山西的李才旺，天津的王鸿泽都绘有大量的鹤画及至"百鹤图"。

鹤画，在中国画中有一条绵延不断的道路，发展到今天，挥毫泼墨孜孜不倦地进行鹤画创作的仍大有人在。在报刊上和画著中经常可以看到鹤画的杰作。2005年10月，听到"神州"六号成功飞天的喜讯，著名艺术家袁熙坤欣然提笔，创作了写意鹤画《祥云》。画面洗练，用笔遒劲。两只鹤张开翅膀一前一后呈大跨步起飞状，旁衬几块云朵。以双鹤代表两名宇航员，祥云则代表飞天成功，画的祥瑞寓意是显而易见的。即使在当今染指者较少的指头画里，也有大量的鹤画作品出现。在2005中国·铁岭国际指画邀请展中，新加坡欧彬生的《松鹤延年》绘一健硕之鹤独立苍松下，而林秀鸾的《松鹤延年》则绘双鹤悠闲自得地立于松枝下。此两幅作品风格相近，均为小写意技法。张若愚的《松鹤长青》、祝永宁的《松鹤长寿》则均为大写意，前者以浓粗墨线条勾勒出一俯身、一扬首相呼应之双鹤，后者以浓墨重彩指染出一鹤独立松枝上的形象。林立的

《双仙会》、墨路的《鹤鸣于皋》则均以纤细的线条描绘出千姿百态的舞蹈之鹤。看来，以水墨为主要材料的指画是比较适于表现黑白两色羽毛的鹤形象的。

纵观中国鹤画的历史，从古到今，连绵不断。在林林总总的鹤画作品中，历朝历代又都不乏名家精品。中国鹤画是对中华古老文化的继承，也是中华艺术宝库里的珍宝。翻阅一部鹤画史册，我们在了解到鹤画的起源、流派、发展、兴衰的同时，也可体会到不同朝代、不同阶层的情感和追求。汉以前画中的鹤，往往是被仙化了的，这和当时人们对自然物的认识能力低下有关。自唐以后，鹤逐步走下神坛，鹤画逐步趋向写实，鹤画题材也从皇家画院流向民间，表现风格流派也由单一的工笔重彩演变出水墨写意，思想内容也由纯粹的吉祥喜庆长寿而增添了孤高清逸和消极无奈。中国鹤画是中国画艺术的一面镜子，也是各个朝代画家意识形态的一面镜子。清平盛世经济繁荣、文化发达，画家多画群鹤、双鹤，表达吉祥喜庆，歌舞升平。如唐薛稷画11鹤，五代黄筌创画"六鹤"，宋徽宗画20鹤，明边任武画"百鹤"，新中国陈之佛画10鹤。而在朝代更替时期，总有不合时宜，失意落魄者和隐居闲适者，于是便出现了孤鹤、病鹤的描绘。这些鹤画所绘之独鹤，多作缩颈敛翅闭喙一足独立状，以表现画家孤寂、冷漠、悠闲之意志，此类画多用写意法。像清初和清末的两位弃世出家为僧的画家朱耷和虚谷，都是画独鹤的高手，而朱耷的大写意独鹤又是具有开创性的，以至于影响了画坛几代人。朱耷的《桐鹤图》一桐枝，一孤鹤，寥寥数笔，意境清冷奇俊。虚谷的《松鹤图》《仙鹤寿柏图》也均为独松或独柏加独鹤的清淡雅致意境。清初李鱓的《芭蕉图》和清末任伯年的《独思》都是受朱耷的影响，画独鹤，写孤寂。而当代画家笔下之鹤，则打破千余年来陈陈相因的程式，立足写生，扩大视野，与时代环境浑然一体，或抒发高远开阔的情怀，或宣泄对大自然的礼赞，使人耳目一新。

中国鹤画能够久远地流传、发展，自成体系和风格，大致因以下原因：一是意境上，与鹤本身的寓意有关，寓长寿，寓吉祥，这正符合中华民族从古到今崇尚大吉祥的审美意向。二是手段上，鹤的形象色彩比较适宜以中国画的手段来表现。中国画追求单纯素雅，重线条，又重墨法，而鹤全身羽毛黑白两色分明，适合水墨勾勒。我们从各式鹤画中，可以看到，采用这样的表现手段的画家比比皆是。他们往往以淡墨勾勒晕染白色羽翎，用浓墨勾勒晕染颈部和翅膀。至于丹顶，也可用墨色表现。

但鹤画被人们喜爱的根本原因，是作为自然界动物精灵的鹤的天生丽质。我们应该进一步提高保护鹤等野生动物的意识，并将其作为我们研究鹤画、增强审美意识、提高鹤画水准的一项内容。因为，只有大自然之中存有活生生的野鹤，画家才有源源不绝的写生之物，画中的艺术之鹤才能更加准确生动传神起来。

愿我们中国画的天空里永远有仙鹤翱翔翩翩。

铁鹤雕塑的极致

　　知道熊秉明的铁鹤雕塑比知道熊秉明早一点。开始是从《光明日报》上看到一幅《铁丝小鹤》作品照片。也就七八根铁丝吧，上三分之一被捆在一起，好像是鹤的喙、首、：颈；中间三分之一分散蓬松开，宛如鹤身，连同收敛的鹤翅及微微翘起的鹤尾；后三分之一是两支直立的鹤腿及呈爪状的双足。这是一种怎样的造型艺术呢？我茫然不知，可能是一种铁丝编织吧？但是，那题目旁边不是明明写着雕塑二字吗？我惊愕不已。

　　紧接着，又从《中国文化报》上看到了多幅铁鹤雕塑作品照片。这些雕塑作品，有的是用铁片做的，有的是用铁棍做的，有的也是用铁丝做的，有的是用

小鹤（铁丝雕塑）　法　熊秉明

几种材料混合做的。这些作品的共同特点是简练。《铁片小双鹤》只用两根铁棍，两块铁片。两块铁片焊接在两根铁棍的中部，这样，铁棍的上半部是鹤的颈、首、喙，只不过一只昂扬其首，一只低俯其颈；铁棍的下半部是两鹤共用的鹤腿和鹤爪；中部的铁片是两鹤共用的身躯和双翅等等。

看完这些作品，我突然觉得似曾相识，便忙看它们的作者，熊秉明。再去看《铁丝小鹤》的作者，也是熊秉明。

于是，我知道了熊秉明这个独开一代雕塑之风的雕塑大师。原来，《熊秉明的艺术——远行与回归》巡回展正在国内的一些大城市如上海等地举行。简明的文字只介绍说，他是法籍华人。看来，他肯定是位年轻时髦的专业雕塑家啦。这些作品应该是他从事雕塑生涯以来全部努力的精华。经过查找，才清楚他是一位老者，解放前夕就在西南联大学哲学，后考取了官费留法生，攻读下巴黎大学博士学位。1949年才转习雕刻。1960年受聘于巴黎东方语言文化学院任中文系教授兼系主任。此外，他在书法方面也有很深的造诣。可见，在流逝的岁月里，雕塑只是他的一项业余活动。我真是佩服熊先生的博学多才，语言、文学、哲学、书法、雕刻，样样精通，而只用了很少精力的雕刻，取得的效果竟是这样地石破天惊。这说明熊先生有极好的天赋。当从另外的资料上得知熊秉明是大数学家熊庆来之子时，我更坚信了遗传基因对人的智力形成的决定性作用。

那么，这样一种雕塑风格是怎样形成的呢？依熊先生的出身和经历看，这种独特的雕塑风格肯定是中西合璧的产物，是集大成的杰作。首先，直观上，可以从他的作品中看出一些中国传统文化的痕迹。他的雕塑里有一种很显然的"线条"的感觉。这是不是受了中国画的影响呢？中国艺术的传统强调线的运用，中国画是线条（墨线）的艺术，通过线条来勾勒、概括艺术形象。对此，熊先生在一篇文章中曾谈道，"在我之前，中国文化里酝酿着这样的形式，不过我同时采用了西方某些抽象雕刻的做法"。他还说，"我的线又有一点不同，因为我的线不是一个轮廓线，用来做出一个轮廓，那就只是一个铁丝框子了。"于是，在熊先生的手下，弧线与直线，平面与曲面，互相扣接，互相照应，互相转移，组成一个完整自足的造型系统。这里的线条，不是照搬，而是借鉴；不是写实性质的，只是一种精神性质的。他的铁鹤雕塑塑造的不是羽毛，不是筋骨，不是血肉，只是人的头脑中关于鹤的一种观念形态，是对鹤这种生物的一种印象。看来，前面从熊先生作品中看出来的东西，只是我这个凡夫俗子对于鹤的表象的粗浅看法，并未能领悟熊先生的匠心独运。

另外，中国传统文化中的"虚无"也不可避免地对熊先生产生影响。道家的"无"，佛家的

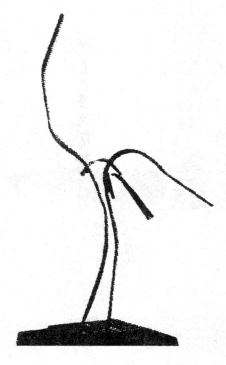

鹤（铁条雕塑）法　熊秉明

"空",绘画中的"白",都是对"虚无"的运用。这样看来,似乎到处都是虚,但是,这些虚的空间隐然有生命的韵律和性灵的消息。实际上,这种铁鹤雕塑风格的形成,也是一个不断简化的过程。熊先生在一篇文章里介绍过,这种用铁丝钢条、瘦硬的直线,架搭焊接起来的鹤的简型的风格,是他多年提炼成的形式。开始时,他用铁片代替实体,后来觉得还可以简化,那就是用铁线代替实体。

其次,我们还可以看到有些西方雕塑流派对熊先生鹤雕风格产生的更大的影响。谁都知道,雕塑的原始概念是实体的造型艺术。在各种可塑的(如黏土等)或可雕可刻的(如石、金属、木)材料上,制作出具有各种实体的形象。以往的雕塑作品基本都是遵循着这样的法则的,但是后来,现代派雕塑风格流派纷纷形成,有的雕塑作品的实体内容越来越瘦削、纤细,以至于呈线状。其实西方艺术早已有线的表现,在希腊到文艺复兴以前的绘画作品中处处可见线的运用。文艺复兴以后,许多画家就不采用边缘线、轮廓线了,但到了凡·高,他的作

展翅的鹤(铁片雕塑) 法 熊秉明

品中，线又重要起来。在表现派、野兽派的作品中，线也很重要。

　　罗丹的人体雕塑达到了雕塑艺术的一个顶峰，同时，他也是削减雕塑物质性东西的带头人。他的雕塑几乎是清一色的赤裸：少女是赤裸的，母亲是赤裸的；加莱的义士是赤裸的，连巴尔扎克、雨果也是赤裸的。他要把自然的人从衣着的外壳里掘取出来，透过人的身体来洞见人的内心世界。罗丹的创作风格对熊秉明的影响是很大的，他曾撰文专门评述过罗丹的作品。梵·东根在削减艺术作品的物质性方面更有创新。他画一个女人，必须把她拉长、拉细。然后，把首饰放大。杰克梅第最为干脆，他的雕刻瘦削而枯索到了极端。在他的塑刀下，瘦长的更细削了，羸弱的更枯槁了，每件作品上面都留着一条条深厚感情的刻刀的痕迹，仿佛这种对物质性东西的削减随时都可以进行。他要不断地把物质剔除掉，并且还要继续挖掘下去；他要剥除可能的躯壳的虚伪，刻画到内部去。他的作品，剥除表情，剥除皮肤脂肪，节节层层地挖掘进去，揭露最赤裸的赤裸，即生命的核心。杰克梅第的简化达到了存在的最后形式，人被简化为形而上学的架构，木然僵立，被虚无腐蚀到了骨髓，在存在与不存在之间摇曳如一缕轻烟。熊先生称其为"奇异的雕刻"。熊先生的悟性是极高的，他的探索是极为细致的。一次看大型面具展览，一件非洲苏丹面具引起了他的注意。圆脸盘额部凸起，刻有几何的纹路，眼睛并未刻画出来，眉宇以下只有一片近乎空荡荡的平板，也没有嘴角。他把这种空荡和简约的风格印进了脑海里。

　　这些，对熊秉明的影响是巨大而深刻的。他把这些借鉴过来，加上他原有的中国传统文化中关于"线"和"虚"的积淀，然后，再把所有的这些融合贯通，于是，便诞生了他的独特的、不同寻常的简练而清新的雕塑风格。这种风格，在他的铁鹤雕塑作品中体现得最为充分：彻底地否定了传统绘画、雕刻的物质基础；取而代之的是线状的，纤细的，极少的物质存在形式。用他自己的话说，是一个简明的几何结构，是一种图解式的暗示，有时连暗示都没有，只有一片空白，由你去幻想、充填。而它却有形而上学的张力，具有奇异的说服力。熊先生也称之为是没有观念的观念艺术。这里，有他作为哲学家的思考，他在一篇文章里写道：在哲学体系里，观念才是完善真实的，实际的事物都是有缺陷的。

另外，现代艺术家都有强烈的创新愿望，他们追求的往往不是"好"而是"新"。所谓新的，就是别人没有做过的，唯一的。他们用"唯一"来代替"好"，用"唯一"来保证作品存在的必要和价值。现代艺术家都有一个妄想，希望他做出来的东西只有他做得出来，无法和别的作品作比较。如果新到无法再新，怪到无法再怪，当然艺术史上必留一笔。

熊先生也不例外。所不同的是，熊先生不仅有这样的愿望和妄想，而且，他实现了它们。熊先生和他的铁鹤雕塑一起达到了雕塑史上的一个高峰，而且那是只有他一个人才企及到了的高峰，他和它们是"新"的、是"唯一"的，是雕塑艺术史上必留一笔的。实际上，熊秉明的铁鹤雕塑已很有影响。汉城奥林匹克雕塑公园里安放的从全世界收罗挑选的200件雕塑精品中，就有熊先生的一件《铁鹤》，而且，非常有趣的是，这件作品被安放在一座中国式凉亭不远的地方。可见，熊先生的铁鹤雕塑艺术不仅为他本人赢得了广泛的声誉，也为中华民族带来了影响。

　　熊先生的留法老同学、老朋友，当代中国著名画家吴冠中先生对他的雕塑风格的形成及其特点有过概括。吴先生说得真好，精辟而又深刻，充分地表达了我观看熊秉明铁鹤雕塑后的感受。让我们就用吴先生的这段话来为本文做结吧："其道也，是从东方渗入西方，又从西方再回到东方。我想既有异于丝绸之路，更不同于马可·波罗大道。道可道，非常道也。"

神姿仙态入镜来

　　摄影作为一门新兴艺术，主要分为人物摄影、风光摄影和生物摄影。在生物摄影中，各种植物、动物都是被表现的对象，而鸟类则是被表现得比较多的，鹤则在鸟类摄影中又被表现得最多。因为作为形象艺术，对鹤这样站立、行走、舞动、飞翔各种形象都高雅美丽的尤物，摄影人往往是偏爱的。有人拍出了集百鹤于一图的"百鹤图"，有人正在拍制千种姿态为一张的"千鹤图"。

　　摄影作品是写实的艺术，没有中国画中对鹤的传统寓意和想象色彩，不用像绘画那样把不生存在一个环境中的松鹤按寓意组合在一起，去构造"松鹤图"；有的只是现实中鹤的真实的、详尽的生存实录。在摄影师营造的光和影里，神姿仙态的鹤被表现得淋漓尽致。

　　鹤的摄影作品，是人在身临其境后，与鹤做面对面心与心交流的产物。

　　可能因为东北是鹤的繁殖地，以保护丹顶鹤为主的国家级自然保护区就有扎龙、向海和双台子河口等，所以热衷于拍摄鹤的摄影家很多，出版以鹤为主的摄影作品集的人也相对的多。如黑龙江业余拍摄野生鹤群的企业家王克举，被摄影界誉为"中国拍鹤第一人"，也是全国第一个自费建立文化景观——扎龙"梦鹤苑主题公园"的创始人。他占有天时地利，有很多接触鹤的机会；人也刻苦，一年四季出没于沼泽。他的鹤摄影内容十分丰富：他不仅对别人常常拍得到的画面如鹤的站立、飞翔、鸣叫、舞蹈等鹤姿有细致入微、活灵活现的描写，而且对别人没有拍到的如鹤的洗浴、争斗、交配、孵化等形态也有拾遗补缺式的摄取。他用镜头将鹤的千姿百态永久地珍藏。十几年里，他拍摄的鹤的生活形态的照片近万幅，"梦鹤苑主题公园"的几排红砖平房的白墙上悬挂着的几百幅扎龙丹顶鹤的艺术摄影图片都是他的作品。黑龙江人马国良可谓大器晚成。在省级党政领导岗位工作多年的他，爱上了摄影。用三年的时间，拍摄了一万多张丹顶鹤的作品，于2002年编辑出版了大型摄影集《鹤魂》。他的作品全面反映了鹤的栖息生活。有人们可以看到的鹤鸣鹤飞鹤立鹤舞的姿态，也有鹤的另一面，人们难得一见的鹤游于水、栖于地的状态。如《朔风》拍的是20几只鹤成片拥挤在四面环雪的枯苇上，四只鹤在四周独腿站立，像哨兵在站岗，形象地反映了鹤是高度警觉和有秩序的生灵。《临水》拍的是苇丛中三只鱼贯而游的鹤，它们美丽的姿态丝毫不亚于善游的天鹅。《霞中群鹤》中12只鹤头一顺顺地朝着一个方向，那是太阳悬垂的方向，它们都沐浴在灿烂的霞光中。但是，我不知道它们是在顶礼膜拜初生的太阳，还是眷恋告别着辉煌的夕阳。他从古代诗词中摘录了大量关于鹤的诗文，为每幅作品配上精练诗句，使画面洋溢着诗情画意。

在地处双台子河口的盘锦市也有徐春海、宗树兴、刘金常、徐景文、邓庆才、夏建国等一大批以鹤为拍摄题材的摄影家，他们的作品最先收集在徐春海主编的《盘锦湿地风光摄影作品集》中。那个集子中有一个单元是专门表现千姿百态的鹤形象的。而扎龙与双台子河口两个保护区之间的沈阳，也有一批爱鹤的摄影家，他们或者北上扎龙，或者南下盘锦，上下求索，频频拍得佳品归。如，年近花甲的白忠祥先生，带病往返拍摄，历尽辛苦，终成正果，出版了丹顶鹤摄影作品集《梦鹤集》。一百多幅作品，春夏秋冬四季轮回中，从身着黄褐色花衫的雏鹤到白衣红帽黑衫的成鹤，他都一一给予表现，每一张都别具特色，且栩栩如生。

摄影家们拍摄的野鹤作品最壮观、最自然。没有人类的打扰，没有心灵的惊惧，那是鹤族与生俱来的神姿仙态的真实表现。

要拍摄野鹤，最好在早春野鹤刚刚归来时。芦苇已被收割的苇塘，没有了遮蔽物，体型硕大的鹤们在平坦广阔的大地上暴露无遗，人们可以一览无余地看到和拍到它们的各种姿态。为了觅食，它们往往三五成群地停留在水坝的阳坡，吸食稍有融化的冰水，拣食物种子吃。但是，人千万要小心行事，不要贪心走得更近，那样会惊动它们，而是要在远离它们几百米处隐蔽好，等待机会。它们毕竟是一米多高的大型鸟类，目标比较清楚。人耐得住性子，是可以拍到好作品的。自由自在的野鹤呈千姿百态，十分好看：有的鹤正站立行走或觅食，有的鹤正舞蹈跳跃和飞翔。鹤飞翔时，长长的翅膀上下扇动，你可能会拍到翅膀向上伸举的样子，也可能会拍到翅膀向下伸展的样子。白忠祥《梦鹤集》中的宽幅照片多是在这样的时候拍得的。如《回归》，十几只丹顶鹤正向金色的苇海降落，是一种张开双臂扑向大地母亲的姿态；它们该是从南方刚刚归来，扇动的定是持续了一个漫长冬季的对故园的思恋。

到了夏季就难拍到野鹤了，因为盛夏芦苇蓬勃生长，密密的苇秆和苇叶高于人的视线，遮挡了人们的视野，一双双成鹤也处于一种隐蔽状态，在苇丛中忙于轮流孵化后代，很少出来活动。立了秋便可以见到鹤的踪影了，因为成熟的芦苇叶渐枯萎秆变得坚细，芦苇丛就稀疏了许多。大鹤和小鹤的身影在苇丛中穿梭，白茸茸的芦花与雪白的鹤羽相映衬，令人眩目。毕竟这个时期的光线比较光亮，曝光度大，所以，摄影人往往选用逆光拍摄，效果也确实好。王克举先生的《学步》是用逆光拍得的。两只大鹤带着两只小鹤在浅水中行走，大鹤在前面举足迈步徐行，而小鹤则紧随其后大步流星地追赶。无论大鹤还是小鹤通体都是黑色的，像是用黑纸做的剪影，而背景则是金黄色的太阳光。整个画面色彩简洁明快，鹤形象十分鲜明突出。夏建国的《太阳恋歌》一片也是用逆光拍摄。橘红的背景中有一轮圆圆的金色太阳，一群鹤正向着太阳飞去，有两只已经飞进了太阳的轮廓中。黑色的鹤体更可以看出鹤奋飞时的英姿。而翱翔在苇海上空的鹤群，羽翼参差熠熠闪光，下面的苇海则泛着晶莹剔透的条条波浪。

拍野生丹顶鹤一般只能拍得到远景大画面，因为野鹤是极机警的，人难以接近它们，一般是用长镜头或增距镜头在远处拍摄。徐春海、邓庆才等分别拍摄的《百鹤闹春》即是用此法拍到的。不过，在鹤的聚集上，用了些小计谋。那些鹤在早春就飞回到北方的家园，但是，大地没有开化，它们没有水喝，没有吃食。这样，人们就在冰冻的水面上撒些玉米等食物，野鹤便集中到这处冰面上来了。你看画面中那些鹤，像是听从了人的安排似的，密密麻麻，成行成列的。虽然是白色的冰雪背景，但是，看到这样的画面，让人似乎听到了鹤群低声的鸣叫，感受得到动听的春的风信。

要在中距离拍野鹤，需要拍摄者隐蔽到鹤经常去觅食的地段，一般要在苇草堆或者土堆旁或小窝棚里等候。盘锦宗树兴的《瑞鹤图》即是在隐蔽物中拍到的，画面中的三十几只鹤，一线排开：有的"低头乍恐丹砂落"，有的为"鹤鸣于九皋"状；有的迈步徐行，有的双足踏地昂然而立。整个画面色调澄净，冰雪背景是白的，鹤羽是白的，黑色的羽翼和丹顶是鲜明的点缀。鹤们闲适、平和，在静谧中呈现出一派祥瑞气氛，仿佛仙境。徐春海的《冰上芭蕾》摄取的是丹顶鹤富有情趣的生活。雪白的冰面上，三只在画面下部、两只在画面上部的五只丹顶鹤似乎都在认真地练习着芭蕾舞。它们的技艺有所差异：一只刚刚做了一个人的跳跃练习，已经稳稳地站立着；一只双翅上耸，轻轻的、小心翼翼的，准备做试跳，一只迈步徐行，循规蹈矩地做着足尖碎步的练习；另两只踌躇满志、羽翼大展，可谓"白鹤亮翅"。这是春天的舞蹈，表达的是鹤们回归故园的无比喜悦之情。

拍鹤群，背景一般比较纯净，往往是以蓝天、大海或者芦荡、雪地为背景。湛蓝的天空，洁白的鹤羽；白雪熠熠，鹤羽皓皓；大海或苇海波光粼粼，鹤羽银光闪闪。那是一种圣洁无比的、飘飘欲仙的感觉。白忠祥《天仙》和《芦荡之神》就是这种特色鲜明的作品。前者表现的是澄净一色没有一丝云彩的天空中近二十只鹤展翅飞翔，奋力向前，舒张有力。后者是更多的鹤在红褐色的苇海中起飞的情景，前面的几只已经飞离了地面，跟着的正在滑翔，后面的已经迈步加速准备起飞。前、中、后，上、中、下，画面错落有致；几十只鹤讲究着秩序，谦让有加。

摄影作品的中镜头、近镜头摄取的多是人工驯养的丹顶鹤，因为其已经被驯化，相对温驯一些。拍驯养的鹤，一般是拍一只、两只的特写。白忠祥《回眸》作品中表现的是在枝头黄叶、地面落叶萧瑟秋意氛围笼罩中一只独鹤回眸而望的情形；它双足交叉而立，翅羽被秋风从后面吹得蓬松起来；远处的背景中有蓝色的水，墨色的亭。鹤可是注重情感的鸟类，难道是刚刚送走了什么？是一个朋友，还是一段情感？是回望高飞远翔的同伴，还是思恋遥远的南方家园？看着这样的图景，一股惆怅之思不禁会汩汩涌上你的心头。不禁会想到唐人白居易用拟人法写鹤的诗句，"临风一唳思何事，怅望青田云水遥。"在白忠祥先生的《相融》一片中，倾斜的草皋中一双展翅的鹤似乎在努力向上朝着已经落到草中一半的太阳奔跑。虽然逆光中墨黑的鹤体使人看不清鹤的片片毛羽，但我知道，太阳的光晕已经融进了它们身体中的根根羽毛里；鹤们是要跑进温暖明亮的阳光里去的，太阳则是准备将它们拥进怀抱里去的。相亲相近的自然界在圣洁的光芒中一片和谐。王克举先生的《一奶同胞》片该是用专用近镜头微距镜头拍摄的，镜头应在一米以内，那两只着黄色羽毛像小鸭子似的雏鹤的脖颈不长，足胫也不长，但你却能看到它们的眼睛黑白分明、绒毛毫

鹤纹样（瓷器）

微毕现。

　　表现鹤的摄影是注定会好看的。因为鹤的形象美丽，举止优雅；还因为鹤作为文化鸟类它们身上闪耀着祥瑞的光芒。虽然，摄影作品不能像图画那样使寓意在画面中的结构得以全面体现出来，但它存在于观赏者的意识里；每个观赏者会用自己的观念去诠释照片所营造的真实画面之外的种种意境。

第三章

自然之鹤

鹤类种种

　　世界上现有15种鹤，共属于鹤形目鹤科。传统上对鹤的分类主要是依据鹤的外观形态，新近也有人提出应根据鹤的气管的构造及鹤鸣叫的音调来进行分类。

　　这15种鹤是丹顶鹤、黑颈鹤、美洲鹤、沙丘鹤、白枕鹤、白头鹤、白鹤、澳洲鹤、肉垂鹤、蓝鹤、黑冠鹤、灰冠鹤、蓑羽鹤、赤颈鹤、灰鹤。这些鹤分布在世界五大洲，其中以亚洲东部的中国、日本、俄罗斯、朝鲜半岛、蒙古的鹤种类为最多，大致占世界鹤的种类的二分之一。中国由于地大物博，在亚洲东部国家里占有的鹤的种类又最多。中国共有9种鹤，它们是：灰鹤、丹顶鹤、白鹤、白枕鹤、黑颈鹤、白头鹤、沙丘鹤、赤颈鹤、蓑羽鹤。这些鹤分布在我国20多个省份。其中灰鹤分布最广：迁徙地跨15个省份，越冬地分布在22个省份；灰鹤在中国的种群数量也是最多的，1989年统计有6000多只。在中国，最少的鹤类是丹顶鹤，1989年统计有有700只，1991年统计只有546只。

　　在现有的鹤类中，最美丽的是丹顶鹤，丹顶鹤几乎集中了鹤类所有的美好特征：体态修长，高达1．3米以上；羽毛通体白色，只有飞羽梢部是黑色；头顶红冠，为画龙点睛的神来之笔。丹顶鹤确实是形神俊逸，超凡脱俗。自古以来，丹顶鹤就被蒙上了一层神秘的色彩，成为吉祥、长寿的象征。丹顶鹤因而又名仙鹤，它的名气最大，传说最多，如王乔骑鹤、丁令威化鹤中的鹤都是指丹顶鹤。历代的文人墨客都为它的美丽、高雅而倾倒，歌颂丹顶鹤的文学艺术作品不胜枚举。丹顶鹤主要生长在亚洲东部的中国、日本、俄罗斯、朝鲜半岛；繁殖地在我国东北三江平原的松嫩平原、俄罗斯以及日本等地，也有少量在盘锦双台河口国家级自然保护区内繁殖；越冬地是我国的东南沿海、长江中下游、朝鲜半岛的海州湾、日本等地。

白鹤的美丽和社会意义及美学价值仅次于丹顶鹤，在古代传说中，对白鹤的崇拜甚至早于丹顶鹤。而后，二者的地位一直不相上下，有时还被混为一谈，认为白鹤就是丹顶鹤。白鹤又名黑袖鹤、辽鹤、西伯利亚鹤、修女鹤。白鹤体态优美、舞姿飘逸、鸣声悦耳。羽毛洁白是白鹤的一大特色：除有黑色的初级飞羽外，其余体羽洁白；当它站立起来初级飞羽被掩盖时则通体洁白。白鹤面颊前部裸露，呈鲜红色，边缘有白羽环绕，似头饰白帽的修女。喙、腿、爪都为粉红色。体长135厘米左右。白鹤屡见于我国的史书、神话、诗赋之中。在印度，它曾得到"鸟类学之父"阿伦休姆的赞美。白鹤有两个繁殖种群，即东部种群和西部种群，两者相距1900公里以上，东部种群在俄罗斯西伯利亚北部繁殖，迁徙途中经过我国黑龙江的扎龙自然保护区、盘锦双台河口国家级自然保护区等地，在这几处停留50天左右，然后南翔，至长江中下游越冬。近些年，这个流域的鄱阳湖保护区已成为白鹤的重要越冬地，1989年春已增至2600多只，但近年数量有所减少。西部种群的繁殖地在俄罗斯西伯利亚西北部，越冬地在印度的克拉德奥公园和伊朗北部，总数只有几十只。白鹤的飞翔能力是鹤类乃至鸟类之最。这一点，可以从其繁殖地到越冬地两地间的遥远距离中得到印证，有人甚至看到过一群白鹤从高高的珠穆朗玛峰飞过来，再向北飞去。

沙丘鹤是世界最古老的一种现代鸟类。沙丘鹤学名加拿大鹤，体长约100厘米，前额和头顶有裸露的红斑，体羽为带棕褐色的灰色。说它古老，是因为其骨骼化石曾发现于距今900万年前的新生代上新世的地层堆积中。沙丘鹤主要分布在北美洲的加拿大、美国、古巴、墨西哥，也曾有在日本越冬的记录，我国偶见于江西、江苏的鹤类越冬地，疑为迷鸟。沙丘鹤现存总量为50万只，其中美国为40万只。沙丘鹤有6个亚种，密西西比亚种和古巴亚种为留鸟，也是濒危鸟种，密西西比亚种仅存50只左右，古巴亚种约存200，只左右。

数量最多的是灰鹤，此鹤种在我国古代亦称玄鹤、千岁鹤。灰鹤广泛分布于欧亚大陆，有两个亚种，数量约为16万只。数量最少的是美洲鹤，美洲鹤又名咳鹤，是世界上最稀有而濒危的鹤类，1941年只剩下16只，经过半个世纪的努力、迁飞于加拿大和美国间的野生自然群已有145只。美洲鹤面部及头顶裸露，呈红色，飞羽和颈黑色，体羽通体洁白，站立时几乎全身白色，因此，也有人称其为美洲白鹤。美洲鹤体长近130厘米，身高150厘米，是北美洲最高的鸟。美洲鹤也是气管最长的鹤，长达152.5厘米，相当于鹤身的长度，因此，叫起来声音极洪亮，可传到3公里以外．因此，又叫它为高鸣鹤。

体型最大的鹤是赤颈鹤，长约150厘米，高达160厘米，它们是鹤类也是飞禽中最高大的一种。与丹顶鹤等鹤类的机警胆小不同，胆大、生性凶悍，鸣声洪亮是赤颈鹤的显著特征。赤颈鹤雌雄的对唱常常给入侵者以强烈的震撼力。有时候，与它们一同栖息的其他鹤类不小心停留在它们的取食地盘上，赤颈鹤会毫不客气地将其轰走。一只赤颈鹤往往能对付几十只欧亚鹤种。赤颈鹤的羽色也与众不同：耳羽和头顶浅灰色，两颊直至颈上部的皮肤裸露，呈红色，喙灰绿色，腿浅黑透红。赤颈鹤是东南亚地区的留鸟，有两个亚种，分布在印度的亚种由于人们自觉而严格的保护，现有2．5万只，而分布在东南亚各国的东方亚种则已濒危，除越南尚有少量种群外，在东南亚其他地区已基本绝迹。这种鹤，我国在20世纪70年代前，于云南的西部和南部曾有所见。

体型最小的鹤是蓑羽鹤，又名闺秀鹤。它是世界上15种鹤中体形最小的，长仅80多厘米。蓑羽鹤体羽主要呈蓝灰色，两颊、前颊、前胸均为黑色。眼红、喙青、蹼黑是它的特色。眼后的耳羽为一簇白色的细羽，如蓑衣状，故名"蓑羽"；又由于体型娇小、模样秀丽、性情温柔，故又名"闺秀"。繁殖地在欧洲东南部、非洲西北部，但现在已看不到。在我国的繁殖地是西北、东北部的内蒙古、宁夏、甘肃、新疆、黑龙江等地。越冬地在缅甸、印度、非洲东部，及我国长江中下游、华南及川藏等地。蓑羽鹤喜栖息于湿地边缘，它们不筑巢，把卵产在人迹罕至的开阔草原光秃的干燥地上。它的分布之广、数量之多，仅次于灰鹤，现存16万只，其中印度15万只左右，我国约有1000多只。

生存地理海拔最高的是黑颈鹤，它是唯一生活在海拔：3500米至5000米高原上的珍贵鹤种，越冬区不低于海拔2000米；主要在青藏高原的湖泊区繁殖，在云贵高原上的湖泽地带越冬。这种鹤，1976年才在我国的青海湖首次发现，因此，又名西藏鹤。

鹤类中有两种是带冠的，它们是黑冠鹤和灰冠鹤，黑冠鹤羽毛以黑色为主，灰冠鹤羽毛以灰色为主，体态与其他鹤类无异。与其他鹤类不同的是，这两种鹤头上都有金光闪闪的羽冠，显得高贵而美丽。还有一点与其他鹤种显著不同，就是能在树上栖息和营巢繁殖，有时也有在高大建筑物上营巢的。但正常情况下，还是多营巢于沼泽地。

鹤类，是鸟中之秀。它们个体高大，除蓑羽鹤体型较小外，体长都在1米以上。形态优美，以"三长"为特点，即腿长、喙长、颈长。羽色纯净，对比鲜明，体羽以白色、灰色居多，少有蓝色、黑色，飞羽多为黑色，头部、颈部一般有红色、黑色的点缀和装饰。鸣啼高亢、响亮，《诗经》中形容"鹤鸣于九皋，声闻于天"非常形象恰当。鹤类有着高度特化的发音器官，除冠鹤外，其他鹤的气管都长达一米以上，是人类气管长度的五六倍，气管盘曲于胸脊的龙骨腔内，发音时气流在腔内盘旋，能引起强烈的共鸣，声音能传3至5里。善于高飞远翔，一天能飞七八个小时，每天能飞行数百公里。飞行高度一般在500米左右，有的能达到近2000米。因而，在世界各地，鹤都使人类为之神往。人们赋予它们很多美好的寓意：爱情忠贞，长寿吉祥，美丽善良，等等。它们也频频出现在民间故事和传奇故事中。当然，这和最初人类对鹤的美好印象有关，进而，制造出的大量传说又加深了人类对鹤的认识，扩大了鹤的影响。

最早被人类认识的鹤类是灰鹤。在非洲，埃及的庙堂和史前洞穴壁画上，都有灰鹤的形象。在基督教的《圣经》中也提到过它。生活在公元前384至公元前322年的古希腊哲学家、生物学家亚里士多德曾对灰鹤的生活习性，如迁徙、体态、行为、孵化等方面都做过细致而准确的记载。在澳洲，人们看到鹤雌雄终生相伴，便赋予其象征美好爱情的寓意。有一则缘于澳大利亚的土著民族的美丽传说：一个能歌善舞的姑娘，叫布罗尔佳，已经与一个小伙子相爱，可是部落酋长却要强娶她。他们只得双双逃跑。酋长带人追赶，眼看就要抓住他们，忽然一殴烟雾腾空而起，烟雾里两只灰色的大鸟比翼高飞。因而，澳洲人也称谓鹤为"同伴"。冠鹤（黑冠、灰冠鹤）主要分布在非洲西部、中部、南部的热带草原及沼泽地带，很受当地人的喜爱。尼日利亚定黑冠鹤为围鸟，乌干达定灰冠鹤为国鸟，并且，让灰冠鹤的形象占据了国旗的一角，印在了国徽的中央。这种殊遇，也与一个传说有关：一只鹤在沙漠里救了一个国王，因而获得了国王赏赐的金冠。一些贪婪的人便想谋财害命，聪明的国王只得请人用仙术把鹤的金冠变成羽冠。这样，不仅美丽牢固，且也象征了善良和智慧的胜利。南非（阿扎尼亚）也把蓝鹤（大蓑羽鹤）定为国鸟。赤颈鹤的著名亚种在印度长期以来与当地几百万农民和谐相处，原因是早期的印度教认为赤颈鹤是神鸟。这种习俗流传至今。这和中国的古老习俗一样，把鹤当成神仙来崇拜，来爱护，甚至有让鹤乘轩的故事发生，生活在我国黑龙江齐齐哈尔素称"仙鹤之乡"的锡伯族人民，从迁至这里以来的300年中，一直将丹顶鹤和日、月作为神来供奉，在他们的祖先神主上，常常绘有丹顶鹤的形象。高句丽王朝（34—668）的古墓壁画中已有《骑鹤仙人图》，可见其对鹤崇拜的历史很久远。

关于美洲鹤的传说也很多，有的说，美洲鹤的羽毛就像人的头发一样，随着年龄的增长而变白。美国南方人相信，若一只鹤在房子上空盘旋三圈，就意味着这所房子的主人要死了，因为盘旋的鹤在找它要偷走的人。在约瑟夫·雅各布斯的《印第安民间传说和童话》中和纳塔利娅·贝尔廷的《长尾雉及其他印第安传说》中都记述了一些鹤的故事，讲述鹤如何的聪明，如何知道报答人们的善良。一个故事讲述一只鹤从一头狮子的喉咙里取出一块骨头；一个故事讲述鹤怎样在把兔子背到月亮上以后，作为报偿，得到了一个红脑袋。

中国人对鹤的认识，即使从历史记载的卫懿公让鹤乘

锡伯族祖先神主上的丹顶鹤

轩的故事算起，至今也有2000多年了。由于受时代和科技水平的局限，古人不可能有分类学方面的知识，因而对鹤的认识，曾有过某些误解。如，中国古人认为，鹤没有更多的类别，鹤羽颜色的不同是同一种鹤因年龄不同而形成的。他们认为鹤大致有苍、元、白、黑、黄五色之分，年龄与体色是相对应、成正比的：一说是："鹤千岁则变苍，又二千岁则变黑"（《古今注》）；二说是："百六十则有纯白纯黑之异"（《尔雅·翼》）；三说是：元鹤"其寿满360岁，则纯黑"（《三才图绘》）。可见，这样的分类没有科学依据，只是主观臆断而已。

但是，在鹤的形态、种类、分布等方面，我先人也积累了一些经验。古代的史料记载和传说，对于我们今天研究鹤类有一定的参考价值。古人对不同鹤种有一些具体的描写和记载，只不过不能具体区别开来。归结起来，古人认识的鹤种，约有5种：即丹顶鹤、白鹤、灰鹤、白枕鹤、蓑羽鹤。对于丹顶鹤，汉代路乔如的《鹤赋》中开篇就说："白鸟朱冠"。这样算来，我先人认识丹顶鹤，至少已有2100年的历史。对于白鹤，古人称其为"玄裳缟衣"，汉赵晔《吴越春秋》、晋葛洪《神仙传》里都有所言及。看来，先人认识白鹤，至少也有1900年。对于灰鹤，古人称其为玄鹤（古代玄色是指带赤色的黑色），亦称元鹤（古代玄通元）。司马迁《史记》中记载："有玄鹤二八，集乎廊门。"这一记载距今已有2100年。《尔雅·翼》将元鹤解释为"鹤之老者"，故长寿鹤又被称为元鹤，经过这么一演义，灰鹤便最像元鹤啦。其实，所有鹤的寿命最长也就四五十年，这在飞禽中是最长的。这和古代人的平均寿命相比，确实是很长的。即使到了解放前夕，我国人均寿命也才有39岁。可能，正是自身生命的短促，使古人夸大了鹤类的寿命。对于白枕鹤，早在1700多年前，三国的陆机就描述过："苍色者，人谓之赤颊。"苍色是一种发蓝的青色，亦可指灰白色。白枕鹤，体羽蓝灰色，腹部、颈和前胸下侧深蓝色；背部色较浅，为灰蓝色；两颊皮肤裸露，为赤红色。所以，古人称其体羽为苍色、颊部为赤色，记载是准确的。对于蓑羽鹤，宋《五行志》有记载："程文庆献鹤，颈毛如垂缨。"这对蓑羽特征的描写十分形象。这一记载，距今有1000年的历史。至于黄鹤，连《尔雅·翼》都承认"黄鹤古人常言之"，且有名诗、名楼传世，但没见一处记载。其实，地球并无此鹤种。不管怎样，中国人对鹤是崇拜的，以至于把对鹤的行为上升到道德范畴，如成语焚琴煮鹤等。

鹤在长期的进化过程中，在生态、形态、习性和基因等方面，都形成了自己的特异性。如在性情上，蓑羽鹤、黑冠鹤、灰冠鹤、白枕鹤等相对温顺些，易驯养；而赤颈鹤、白头鹤则性情凶悍，难驯养。在生存条件上，多个种类的鹤都生长在海拔较低的平原、沼泽湿地上，如丹顶鹤、白鹤、蓑羽鹤等；但也有在海拔较高的高原区生存的，如黑颈鹤。在功能上，生长在平原沼泽里的多类鹤种没有爪钩，不能上树，而两种冠鹤却可上树栖息筑巢。在食性上，即使同是要求浅水湿地环境的鹤种，差异也很大：丹顶鹤以动物性食物如小鱼、小虾、小蟹为主；白鹤、肉垂鹤等则以淡水湿地苔草类植物为主。

叫人能够理解的是，非洲两种冠鹤头上都有冠，可能有着共同的祖先；叫人不能理解的是，黑颈鹤、美洲鹤与丹顶鹤竟像有较近的亲缘关系，说有亲缘关系，是因为三者的相貌形体极其相似：黑颈鹤的颈和飞羽为黑色，其余为灰色，头顶有红色裸露部分，唯颜色较浅，体长仅次于丹顶鹤，为120厘米左右；美洲鹤的羽毛是雪白的，颈和初级羽毛为黑色，头顶也有红色裸露部分，体长127厘米，接近丹顶鹤。但三者生存地理位置却相距十分遥远：一个在中国之北，一个在中国之南，一个在美洲。

鹤类之间的差异，源于其生存环境的特异化，因此，鹤类一般适应能力都比较差。这就意味着，如果哪一种鹤的生境消失了，那个鹤种也就随之而灭绝了。那么，当今世界上15种鹤的生存状况目前如何呢？总体说，很差。由于人类活动，各种鹤的栖息地、越冬地、迁飞中的集结地，都受到不同程度的破坏。它们的生境在全球普遍恶化。在亚洲，由于对东部大面积湿地的不断开发，丹顶鹤的生境日益缩小、恶化，致使其数量下降。在美洲，由于栖息地的破坏以及狩猎、捡卵等活动，美洲鹤处于灭绝的边缘。在澳洲，南于开荒造田等原因，鹤类栖境缩小，现在，澳洲鹤的繁殖地仅限于北部。非洲的情况更糟糕。在非洲东南部，肉垂鹤生存的一些湿地正在被开发，还有灰冠鹤的生存环境也在被破坏，加上狩猎等原因，其数量也在减少。如果灰冠鹤赖以生存的现有的几片关键湿地消失，这种非洲特有的鹤将进一步减少，甚至遭到灭种之灾。分布在非洲南部的蓝鹤的数量也在日益减少，人为毒死的现象很严重。在非洲的西部，由于干旱等自然原因，黑冠鹤的数量也在急剧减少。

这样一来，世界上现存的鹤类，除了少数鹤种如蓑羽鹤、灰鹤以万计数，尚属较稳定种群外，其他都已岌岌可危。世界性濒危鹤种已达7种，另外，还有两个亚种也处在灭绝的危境之中。丹顶鹤、白鹤、黑颈鹤、美洲鹤、白枕鹤、肉垂鹤、白头鹤及赤颈鹤的东方亚种，沙丘鹤的密西西比亚种都属濒危之列。在中国越冬、繁殖的9种鹤中，属于世界性濒危的鹤种就有6种，还有一种是亚种濒危的。根据各种鹤在中国的分布和存活状况，中国确定了各种鹤的保护等级：如丹顶鹤、白鹤和黑颈鹤为一类保护动物，蓑羽鹤为二类保护动物。

　　鹤科鸟类是鸟纲中一个庞大的家庭。几千万年来，为了适应世界性冰川变化所带来的变化，它们不断地寻求新的生境，改变着自己的生存方式。本是留鸟的鹤类，逐步演变成了迁飞的候鸟。现在，除了两种冠鹤、肉垂鹤、赤颈鹤、蓝鹤和沙丘鹤的两个亚种及个别种群为不作远距离迁飞的留鸟外，其他鹤类都迫不得已地成了在北方繁殖、在南方越冬的候鸟，每年都得按基本同定的季节和路线南迁和北徙。这就是说，鹤类远距离的迁飞是迫不得已、无法避免的。这样，在一年两次的迁徙途中，它们既要抵御疾病和疲劳的困扰，又要躲避人类投射的毒药和冷枪，因此，迁徙对于鹤类种群数量的消耗是很大的。鹤类在迁飞途中停歇、觅食的一系列集结地，都直接关系到它们的生死存亡。盘锦双台子河口国家级自然保护区这块湿地，既是6种鹤类（丹顶鹤、白鹤、白头鹤、白枕鹤、灰鹤、蓑羽鹤）迁飞的歇息地中间站，也是部分在此繁殖的丹顶鹤等鹤类南北迁徙的出发地和落脚点。在这6种鹤中，有4种是世界濒危鹤种；有2种为中国一类保护动物，有1种为中国二类保护动物。可见，盘锦人所肩负的护鹤任务可谓重矣！

　　鹤类在地球上已"安居乐业"了近亿年，可是，它们当中的很多佼佼者，却在我们这个时代面临着灭顶之灾。要知道，一个新种的形成，至少要经历50万—100万年，这个过程对于地球来说，是不会重复的，也不能模拟。因此，一个物种的消灭，其实就意味着永远的灭绝，是无法逆转、无法弥补的。

　　鹤类是鸟中之美神，是古今中外著名的文化鸟类。像凤凰、鲲鹏等传说中的鸟类美则美矣，但现实中并不存在。鹤类却是从远古翩翩而来，在现实中真真切切地存在着，而且是多种多样、各有千秋的。对于如此珍贵、可爱的鸟类的艰难境地，一切有良知的人，都不会无动于衷吧？何况，鹤类生境的恶化是人类活动的结果，人有责任来挽救鹤。人们，让我们行动起来，为种种鹤类去做点什么吧！

鹤的迁徙

鹤很早就被神化了。古书《抱朴子》里说它们长到160岁时，"不食生物"；到320岁时，"雌雄相视，目睛不转孕"；1600岁以后，"饮而不食，鸾凤同为群"。还说"千岁之鹤，随时而鸣，能登木。其未千岁者，终不集树"。《墨客挥犀录》里则说鹤是胎产。说宋人"彭渊材迂阔好怪，常畜两鹤"。客至，夸曰"此禽胎生"。由此，关于鹤的典故传说很多。

这无疑与鹤作为长寿之鸟（现实中的鹤确有几十年的寿命）有关，但也和人们捕捉不到它们的栖息、迁飞等信息有关。

因为鹤是以机警著称的，夜露惊鹤的说法即是证明。所以，人类很难接近它们。我曾几次随人在早春时节去观看拍摄野鹤，结果，每一次都近不得前，仿佛汽车的关门声、相机的喀嚓声都能惊动那远在四五百米之外的野鹤们。盘锦现在被称为鹤乡了，可在1982年辽宁省鸟类专家到盘锦湿地实际考察到丹顶鹤的卵、雏，认定盘锦有丹顶鹤之前，盘锦几个苇场都没有人能够接近丹顶鹤，看清丹顶鹤的真面目，因此世世代代的养苇人一直称呼丹顶鹤为"黑屁股鸟"（远远看去丹顶鹤身白尾黑）。

实际上，鹤类由于几百万年前的造山运动及第四纪冰川的出现就已成为了迁徙的候鸟。它们经历了无数次的繁衍生息，年复一年地高飞远翔，直到当今像丹顶鹤只剩下1200多只顽强的生命，也许，这还多亏了它们那不同凡鸟的机警。这机警，使得实现了现代化的人类在很长的时间里，一直无法得知它们这些大型涉禽迁飞的奥秘。

鹤是善于飞翔的。如宋朱熹有诗赞鹤"矫矫千年质，飘飘万里情"，这说明古人对鹤高飞远翔的特质已有所感悟。现代的人们只知道：北方有鹤的繁殖地，它们一年都要住上八个月左右；江南是它们的越冬地，只勉强住上北方最为寒冷时的一个冬季。对北方的家园它们有着无限的眷恋，当深冬的严寒封冻了所有的水源之后，它们才不得已地离开：．在早春春寒料峭时，便急切地飞回来。但是，从繁殖地到越冬地，或从越冬地返回繁殖地，鹤们飞翔着一个怎么样的路线，需要多长时间，路程有多远，每天能飞多远，要历经怎样的艰辛，这一系列问题，人类却无从知道。

好在卫星发明出来了，用卫星跟踪鹤的迁徙的办法也在20世纪90年代发明出来了。于是，我们得以知道鹤类迁徙的相关情况。这种跟踪办法是：：借助于直升飞机将换羽无飞行能力的成年丹顶鹤在研究场地进行捕捉，将它们装上无线电发报机后释放。如，1993年7月在俄罗斯的兴安斯基自然保护区捕捉到1只，在兴凯湖自然保护区捕捉到7只，1994年在兴凯湖捕到4只，在干努康野生动物保护地捕到2只，这些鹤被装上日本电报电话公司生产的平台无线电发报机，释放后被跟踪。这总共14只鹤都是成年丹顶鹤，属于不同的家庭。

跟踪反馈的结果很为清楚，在东线迁飞的丹顶鹤，有7只被跟踪飞完了从黑龙江兴凯湖到朝鲜半岛全程。它们是从11月上、中旬开始起飞的，向西南到图们江周围的俄、中、朝边界附近的海岸和湖泊湿地，然后飞到朝鲜南部海岸城市金策，再向南飞到朝鲜的金野及至安边。这7只鹤彼此间的距离不超过125公里，它们各在本家庭选择的越冬地越冬。途中的每次停留在4天以内，全程每只鹤平均飞行了874．4公里，正负差为62．3公里，每只鹤平均用5至6天迁飞完毕，正负差是2．4天。鹤迁飞全程飞得最远的距离是936．7公里，飞得最短的距离也有812公里。飞得快的每天是156公里，飞得慢的每天也达135公里。这些鹤的起飞稍晚些，这条线路距离又较短，因此，飞行速度相对快一些。

在西线迁飞的丹顶鹤，有2只被跟踪飞完俄罗斯兴安斯基到中国盐城沿海滩涂全程。它们单独飞行，也是自11月上旬先后起飞，分别沿途在黑龙江的几处荒原过夜，在盘锦沼泽地休息2至3天或6到7天，然后在唐山市以南的海岸滩涂休息6至8天，再飞渤海湾，在黄河口不同场地休息3天和20几天，最后，向南于11月22日和12月14日分别到达盐城，各自在海岸滩涂越冬。这两只鹤的迁飞距离平均为2241．8公里，迁飞时间平均为29．5天，平均每天飞翔近76公里；如果除去几次休息时间，按最少的飞行时间15天计算，那么，每天飞翔距离将近150公里。可见，西线迁飞的这两只鹤的行程是更为遥远的，几乎接近东线迁飞鹤的行程的3倍。

虽然，鹤在飞翔中也讲究技巧，它们往往排成巧妙的楔形，后面的鹤就能利用前面鹤翅膀产生的气流做少力快速且持久的飞行。但是，总体上说，迁飞仍是一件十分艰难的事情。关山沧海风阻雪碍，无论是东线较近的飞行，还是西线较远的飞行，这些鹤都必须要采取飞飞、歇歇，再飞飞、再歇歇的方式进行，这样，使体力在一度耗尽后，通过歇息补充给养得以恢复。

既然迁徙如此艰难，为何还要年年岁岁周而复始地往返奔波？当然，这是鸟类一个最大的谜，很难将众鸟的迁徙行为简单地归结为个别因素的作用，应该是内在的遗传性和外在的影响等多种条件刺激所引起的连锁性反射活动。但有一点是毫无疑问的，迁徙的目的是为了取得足够的生存条件，即有充足的食物和良好的栖息环境，进而，能够顺利地繁衍后代。有时，受到地形、植被、天气、食物的制约，它们还得绕道曲折地飞行，譬如注意选择可随时歇息的内陆有水域的上空，尽量避免在海上作长时间的飞行。鹤类是令人类敬佩的，为了那遥远的几千里之外的那个目的地，它们怀抱着一份怎样的坚强啊？真可谓百折不挠，有始有终。

中间的歇息地是丹顶鹤迁飞途中至关重要的条件。在这两条迁飞线上丹顶鹤共选择利用了25处歇息地，其中利用较高的重要场所，一份国际资料指出中国有盘锦、唐山、盐城，俄、中、朝三国边界的图们江，朝鲜的金野、安边和韩国的铁源等场所。这份资料还指出，这些场所是迁飞鹤的重要歇息地，其重要正像一环套一环的链条。如果丧失其中的一个环节，链条将断开，这些鹤则无法完成迁飞。可见，歇息地对于鹤的迁徙历程是何等的重要！如，盘锦双台河口国家级自然保护区即是鹤迁徙途中一块不可或缺的歇息地，是鹤生命链条中的重中之重。也就是说，如果盘锦这样一个鹤迁飞网络中顶顶重要的歇息地的生存条件消失了，那么，丹顶鹤的迁徙就无法完成，无法应时南迁的丹顶鹤种群就会因冻饿而亡，而灭绝。这难道不令盘锦人心动吗？即使你不为盘锦人所

鹤之矩（剪纸）　辽宁　张恩健

肩负的保护自然生态环境的使命而心动，也应为盘锦这片天地在鹤的迁徙行程中的重要而心动啊！因为这份国际资料紧接着就指出了一些鹤迁飞重要歇息地出现的共同问题和新问题，即尚未得到很好的保护并面临着经济发展的严重威胁，并列举了朝鲜在图们江建立经济开发区、日本在北海道搞滩涂开发和盘锦湿地大量砍割芦苇和开采石油及沿渤海的农业发展和栖息地开垦对海岸沼泽形成威胁等问题。

　　可见，保护好盘锦这个鹤迁徙中的重要歇息地的生态环境是非常重要的。这重要性，是我们在探讨鹤的迁飞问题时不经意间发现的。这说明，我们原先在保护鸟类、保护自然环境方面是孤陋寡闻的。这也说明，仅从一个单个的场所来研究对

鹤迁飞的保护是不够的，必须把这些重要场所作为网络重视起来，应该从鹤迁飞的整个行程着眼，来提出问题、要求和措施。可喜的是，目前，一些国际性的措施已经出台，如《国际湿地公约》、东亚一澳大利亚涉禽保护区网络均已颁布和组成。后者从东北半球沿着河口（即海河交汇处）、湖湾等湿地，南下直到南半球的澳大利亚，这个网络由21处重要网点组成，其中澳大利亚东西横向网点有11处，但相比之下，南北纵向的10处网点更为重要，而在这10处网点中双台河口为头等重要，因为它是第4站，属于典型的中间站。

我们得感谢卫星跟踪技术的发明，让对于鹤的迁徙行程知之甚少的人类明白了其中的奥秘，尤其使我们这个拥有鹤的古老神话传说，并往往以此引经据典的民族一下子清晰了许多。但是，处在今日这个被人类改造得面目皆非的世界，我们已不敢奢望唐人张九龄在《郡中见群鹤》中描绘的"欢呼良自适，罗列好相依。远集长江静，高翔众鸟稀。岂烦仙子驭，何畏野人机"的景象的再次出现。但是，一切有良知的人，都应该给早已处于濒危状态仅以千计数的丹顶鹤种群一些关注和爱护。尤其是对那些以鹤乡自居的、处于鹤迁飞路线上重要歇息地的盘锦人，仅仅满足了解了一些鹤迁飞的知识是不够的，是不是应该再增加几分忧虑：盘锦这块歇息地能否满足迁飞鹤的生存需要，如果尚能满足需要，这种状况还能保持多久，每个盘锦人能为盘锦鹤（在盘锦湿地繁殖的）和迁徙鹤做些什么有益的事情？盘锦人，能不能尽可能少地去打扰尚依靠盘锦湿地生存和歇息的那些丹顶鹤呢？

如果说，以往我们对丹顶鹤的行踪习性知之甚少，不懂得怎样保护它们尚可理解的话，那么，今天，当卫星技术告诉了我们鹤的迁徙的一切之后，我们还有什么理由来搪塞、推诿我们人类对于动物的那份保护责任呢？

野鹤是人类容易观察到的。鹤的飞翔高度是水禽候鸟中比较低的，约500米左右，在人的视野所及之内。鹤属于大型凶猛的鸟，一般不用躲避天敌之害；又由于体形较大，需要借助白天的上升气流翱翔以节省体力，因此，常常在白天迁徙，并不用像绝大多数候鸟如雁鸭类那样选择在夜间飞行。这样，如果作为鹤迁徙的中间站歇息地的双台子河口的生态环境和人为条件能够保持良好的话，我们年年岁岁都是有机会可以目睹到那些野生丹顶鹤群仙姿仙态的迁飞翱翔，那将是十分幸运而祥瑞的事情。

鹤翔中华

丹顶鹤因为美丽，是唯一被披上神仙外衣的鸟，故又名仙鹤。丹顶鹤又是著名的候鸟，因季节的寒暑变化，每年在繁殖地和越冬地之间往返，因而，丹顶鹤所栖息和经过的地域很多。现在，经过鸟类普查，已经基本明了丹顶鹤在中国的分布。但是，在古代，一方面因为生产力水平等低下，另一方面，由于丹顶鹤的高度机警和高飞远翔等远距离迁徙的：习性，丹顶鹤被人为地蒙上了一层神秘的面纱，古人对于鹤的认识曾经发生了一些偏差。

对于古代丹顶鹤在我国的具体分布，现只能从文献记载中查到蛛丝马迹．略窥一斑。公元560年，南北朝时期北周诗人庾信在他的《鹤赞》诗中说道：丹顶鹤"南游湘水，北人辽城"。这里所说的湘水，当泛指长江中游地区，而辽城也泛指辽东及东北广大地区。这说明，当时的人们不仅已经知道鹤是迁徙鸟类，而且，也已经知道其分布区大约是北及辽东，南至长江中游地区。

根据对所见地方志书的历史记载的粗略整理，在20世纪中叶以前丹顶鹤在我国的分布情况大体如下：关于北方的分布，辽宁有《辽东志》《盛京物产考》《凤城县志》《桓仁县志》等8处记载，吉林有《辉南县志》等3处记载，黑龙江有《黑龙江志稿》等4处记载。以上为丹顶鹤繁殖地，即所谓"东人辽城"所指区域。关于南方的分布，江苏有《盐城县志》《扬州府志》《如皋县志》等19处记载，上海有《上海县志》《松江府志》《崇明县志》等8处记载，湖北有《武昌县志》《荆州府志》《汉阳府物产考》等5处记载，湖南有《澧州志》、《岳阳府志》等6处记载。以上是越冬地，即所谓"南游湘水"所指区域。此外，还有河北、河南、山东、安徽、贵州、福建等17个省市的81处记载。按此看来，丹顶鹤基本分布在神州大地的各个区域。

地方志书的记载表明，丹顶鹤在历史上的分布区域比现在的分布区域要大得多。不仅所谓"辽东"地区繁殖地有较多的分布，而且，南方越冬地的分布区域也很大，福建、台湾、广东，甚至海南岛都有记录。可能当时丹顶鹤类种群总量要比当代多得多。宋政和二年（1112），开封（北宋京都）上空出现了群鹤翱翔的壮观景象。宋梅尧臣的诗句"晴云翱鹤几千只"也可证明。但是，史料的记载也会有不准确之处，还需要查对核实。因为唐宋年间养鹤盛行，且携来送去，成为时尚。故作为首都的西安、洛阳等地的"有鹤"之记载，不好认定。如，唐皇帝李世民的诗句"蕊间飞禁苑，鹤舞忆伊川"，就说明，在西安皇宫"禁苑"里飞舞的鹤，是从地处河南西部伊河的产鹤地"伊川"运来的。又如，唐诗人刘禹锡赠白居易诗句："寂寞一双鹤，主人在西京。故巢吴苑树，深院洛阳城。"诗中所说"吴苑"，系今上海松江县，为古时鹤产地。在此诗前小序中，刘禹锡特作说明：双鹤是白居易去年从杭州带回来的，今年白去外地任职，把鹤留在了洛阳家中，刘禹锡去白宅问讯其家人，双鹤"如记旧识，徘徊俯仰"，因作诗以记。所以说，洛阳的鹤应是从外地带人的，并不是鹤的产地。

实际上，鹤的著名越冬地古籍的记载是基本准确的。丹顶鹤在越冬地集大群活动，在地理分布上，每年便形成了一个或者若干个数量较大的种群集中在越冬地区。因此，丹顶鹤的越冬地相对稳定。即使在历史不同时期有所变化，也是在随着湿地地理状况的变化和人类的社会活动而转移或变化的。

史书记载的丹顶鹤著名越冬地均在江浙一带，自古有江浙为名鹤产地之说，因为那里的江滨湖畔、沿海滩涂有适宜的环境而且江浙又为富庶之乡，养鹤便成为人文风气。江浙著名的越冬地有华亭（上海松江），青田（浙江青田），里下河洼地（古射阳湖），今江苏的淮安、阜宁、高邮、扬州等地，荆江（湖北江陵），吕四、盐城（江苏）等地。五代吴越人吴仁璧《钱塘鹤》诗中"虽抱雕笼密扃钥，可能长在叔伦家"的描述，也从侧面表明浙江钱塘一带有鹤并有养鹤习俗。唐人杜甫诗句"薛公十一鹤，皆写青田真"和宋人释智圆诗句"紫府青田任性游，一声清唳万山秋"中的"青田"均是指的产鹤胜地浙江青田。江浙一带鹤的传说颇多。如吴王阖闾舞鹤于吴市（今苏州），宋代张天骥放鹤于彭城（今江苏徐州），清程文庆献鹤于润州（今江苏镇江）。诸如此类，不胜枚举。关于华亭鹤的记载典故传说就更多。华亭之称，始自《晋书·陆机传》："晋人陆机为人所逸，获罪当诛，临刑前叹曰：'华亭鹤唳，可复闻乎？'"以后，上海等地方志中便相继有了华亭鹤方面的记载。上海地方志还记载有古迹鹤鸣桥，"相传为陆机放鹤处"。说明当时这一带既有大量的野生鹤群，也有在家人工驯养的鹤。但是，这一时期，上海市区尚未露出地面，400年后随着东海海岸线的淤长，上海市区才出现。至唐开元元年（713），沿黄浦江修筑捍海堰，丹顶鹤的越冬地向东移至于南汇下沙地带。到清康熙年间（1683），上海地区经济发展，人烟增多。鹤的越冬地也随之变化较大。据上海县志记载："鹤，唯华亭鹤巢村所出，……鹤巢即今下沙也。比年以来，亦竟不至。"100多年后的嘉庆《上海县志》称"旧制称华亭为鹤巢，其地即下沙……今属南汇，鹤不至亦久矣"。

那么，在此地越冬的丹顶鹤转移到哪里去了呢？1194—1855年间，黄河在河南兰考境内南下，改道淮河向东入海。在此期间，黄河携带的大量泥沙，使海岸线很快向东推移，由于泥沙淤积，滨海泻湖区已逐渐成为内陆湖泊（即射阳湖），并化为大小不等的湖荡，成为丹顶鹤新的良好的越冬地。射阳湖附近由此成为又一个著名的丹顶鹤越冬地，这一地区的地方志多有记载。苏北沿海被称为吕四场一带区域，元朝后期始见，是当时淮南"煮海为盐"的著名盐场。因为周围有大片的草滩、海潮间带和滩涂，故在明清时期便成为丹顶鹤的主要越冬地。清乾隆年间出版的《直隶通州志》载："羽族以鹤为仙禽，产吕四者丹顶绿胫，足有龟纹，绝不易得。"明王象晋的《群芳谱》一书也有"吕四产者绿色龟纹，相传为吕仙遗种"的记载。至于中州河南附近也有关于鹤的记载，而且传为典故。古中州气候温和，河流交织，沃野千里，植被繁茂，是鹤类理想的越冬地。但是，随着人口的增加和人类的开发活动，乃至战乱引起的农田荒芜，使鹤的栖境处于不断的变化当中，鹤的数量也或有增减。好鹤的卫懿公养鹤之鹤城在河南"匡城县西南十五里"；周灵王太子王子乔在河南嵩山驾鹤成仙；汉路乔如的《鹤赋》就作于河南睢阳城东的汉景帝之弟梁孝王所建的梁园。另外，唐宋以来，与河南有关的鹤的诗文也比较多。唐薛能有《陈州刺史寄鹤》诗，陈州在今河南太康一带；宋李昉《仙客》诗中问："何人携尔到京都？"诗中京都指河南开封。从古人的描述中可见，河南既是鹤的引种饲养地，也是鹤的自然栖息地。

20世纪初，江淮一带有人集资兴垦，开发沿海滩涂，种植粮食作物。至1916年，南起吕四，北至陈家港，先后建立了40多个垦殖单位，苏南以及吕四附近的草滩被开垦为农田，而废黄河口以北的海滩因土质黏重，脱盐困难，不利于开垦，从而使大量的原始湿地得以保留。而射阳河口以南的滩涂仍然在继续淤长，这就为丹顶鹤越冬地的北移和当代盐城自然保护区的建立准备了条件。

自南北朝以来，人们就大体知道了鹤的活动范围，并朦胧地感到鹤的故乡在辽东，看来，这种"东人辽城"的看法是接近准确的。只不过古代鹤类的主要繁殖地要在辽东的基础上向北扩大，当然，古代的辽东称谓是个泛指，也包括了尚且没有显赫名字的东北的其他地区。我国古代丹顶鹤的主要繁殖地在松嫩平原和黑龙江三江平原以及辽中平原，松嫩平原至今尚有丰富的鹤类资源和其他鸟类资源，使国家能在这里的扎龙和向海建立以保护鹤类为主的自然保护区。而辽宁的双台子河口自然保护区则是丹顶鹤繁殖的最南限。关于鹤"东人辽城"方面的古籍古迹很多。晋陶渊明《搜神后记》中学道于灵虚山的丁令威，后化鹤归辽，一个"归"字，说明辽东是它的故乡。以后兴起的唐诗宋词对于这个典故的大量引用，也是对辽东为鹤故乡的认证。李白

十鹤云（苏绣）

《题许宣平庵壁》诗中有"应化辽天鹤，归当千余岁"句，宋陆游《贫歌》诗中有"犹胜辽东丁，化鹤归辽东"句。东北的少数民族有崇拜鹤的习俗，说明他们很早就与鹤类一起生存。锡伯族古存图画与高句丽古墓壁画《骑鹤仙人图》等都拜鹤为神仙。而现在的鹤城齐齐哈尔，与其城市的历史一样，已经有近200年的爱鹤和饲养鹤的历史。据1919年出版的魏毓兰《龙城旧闻节刊》记载，清康熙三十一年（1692）齐齐哈尔初建，镇守将军斌静，得两鹤，置于名曰"放鹤园"的园中饲养。"舞有节……丹顶日鲜，盖鹤喜欢疏放。"到了20世纪30年代，杨乃石任伪满齐齐哈尔市市长时，凌晨常到当时的龙沙公园去训逗丹顶鹤起舞。1933年，此鹤突然死了，杨仿江浙典故，为之修鹤冢，立碑、写瘗鹤铭，建"梦鹤亭"。

由于鹤的繁殖地在偏远的人烟稀少的东北蛮荒之地，所以，能够见到鹤孵化的人极少，或者即使见到了，也没有能力书写；即使能够书写出来，也不能很快地流传到中原去，所

以，在鹤的越冬地长江中游文化相对发达地区，文人墨客很早就将鹤进一步地神秘化了。出现了鹤是"相视而孕"的"声交说"，甚至还闹出了鹤是胎生的笑话。宋僧惠洪《冷斋夜话》中载：宋人刘渊材曾养两鹤，一天，有客来。他指着鹤向客夸耀："凡禽卵生，而此胎生。"话音未落，园丁来报："此鹤夜产一卵，大如梨。"

由于现代航空、通讯等科技的快速发展，通过20世纪80年代以来的多次调查，对于鹤类的分布情况大体掌握。丹顶鹤主要分布在我国、俄罗斯、蒙古、朝鲜、韩国和日本。和历史上的分布情况相比较，现在的分布区已大大减少。如1925年在相距哈尔滨市郊5公里的松花江岸边，曾获得过一成体丹顶鹤标本，当时，有6只鹤在一起，而现在，于哈尔滨附近及其以南地区已多年不见丹顶鹤的踪影了。

丹顶鹤的繁殖地，除了日本北海道之外，主要分布在黑龙江流域各支流和辽河流域。当然，这些繁殖地占地面积的大小变化，是和人类的社会活动密切相关的；农业开发，人口增长，无疑增加了对于丹顶鹤栖息地的骚扰；水利和公路建设，则将繁殖地分别隔离，致使其破碎化，等等。从整体上看，占地面积较大又比较集中的繁殖营巢地目前有10处，涉及和覆盖我国、日本、俄罗斯和朝鲜半岛，其中与我国相关的有黑龙江下游，三江平原低地，兴凯湖低地，松嫩平原低地，盘锦湿地等。

丹顶鹤的越冬地，除了双台河口和黄河三角洲自然保护区冬季有小群滞留者外，主要现在有三处：即北海道钏路湿地，朝鲜半岛中部非军事区，江苏盐城沿海滩涂。虽然越冬的丹顶鹤在长江中下游的湖泊湿地也有所见，但多是零散个体和家族小群。围绕着丹顶鹤的繁殖地、越冬地及迁飞途径地的布局和线路，我国随着国际自然保护区的相继建立，于1979年在扎龙建立起第一个以保护鹤类为主的自然保护区，以后，14个省陆续建立起了以保护鹤类为主的自然保护区23个，而有鹤类栖息的自然保护区则已经达到49个之多。这些保护区，宛如明珠镶嵌在祖国的广袤土地上。作为鹤的繁殖地，有依偎着嫩江支流乌裕尔河的扎龙，三江平原腹地和末端的洪河和兴凯湖，大兴安岭南麓的向海和达里诺尔，渤海辽东湾的双台河口，等；作为越冬地，有黄海之滨的盐城，我国第一大淡水湖鄱阳湖，八百里洞庭湖上的东洞庭等；作为鹤的迁徙停歇地，有紧靠渤海湾的蛇岛、老铁山和长岛，有渤海湾头的双台河口等。这些保护区，一般都依江傍海带湖沼，人迹罕至。因此，境内的人为破坏相对较少，几乎保持着相对完整的封闭式生态系统；高等或低等、原始或次生的植物群落在内生长繁衍，植被葱茏；与环境相适应的从低级到高级的多种动物在内生存活动，安全自在。这些，都给鹤类提供了丰富的食物和繁殖生育的条件。

目前对于丹顶鹤在我国各分布区内的主要营巢地和种群数量，通过自1981年开始至1987年结束的航空调查和地面调查，有了较为准确的把握：1981年5月对乌裕尔河下游进行航拍，查明该区域有丹顶鹤193只；1984年5月对三江平原的丹顶鹤进行了航拍，查明该区域丹顶鹤为309只；1985年在呼伦贝尔辉河流域进行航拍，查明该区域有丹顶鹤38只。经过近二十年各省及其国际间的合作，我国丹顶鹤的研究工作有了很大的进展，取得了一定的成就。

　　这些，都使关心和喜爱丹顶鹤的人们得到安慰。我们及其后人的责任，就是让被先人视为仙物，并多加保护了几千年的丹顶鹤在我们作为地球过客的这个时段得到更多的关爱。虽然，我们不敢期望古代群鹤舞蓝天的美景再现，但是，让宋人王安石"黄鹤抚四海，翻然落九州"的理想变为现实，我们还是有这个能力的；也就是说，让现存的在华夏大地上繁衍栖息的丹顶鹤们安然生存，我们是没有理由说"不"的。

野鹤归来

　　都说盘锦的芦荡里有仙鹤，但慕名而去的人却很少能见到野生仙鹤，只能见到保护区管理处人工驯养的丹顶鹤。那些鹤大多都是管理处的同志从野外鹤巢里捡得蛋来进行人工孵化，然后从小就进行驯化养大的。

　　经过几年驯化，驯养员把那些鹤从芦荡中的鹤舍里放出来，它们就会按照驯养员哨声的要求，或鸣、或舞、或飞翔、或站立，仙姿仙态，美丽可爱。可能有人会说，让它们飞舞在大芦荡上岂不会飞走？不会的，在低空盘旋一圈它们便会飞回原地，等待主人的吩咐。对于这些仙鹤的表演，我百看不厌，每一次，都有一种飘然欲仙、腾云驾雾的感觉。那些初次看到丹顶鹤在室外自由飞翔的客人更是禁不住拍手叫起好来。

　　在这种时候，几乎所有的人都会生出一种满足，在离繁华市区不足百里的地方，能看到丹顶鹤的飞翔表演真是荣幸万分。可是，当你看到了野生鹤群归来的情景时，便会生出一种更大的荣耀，你会觉得自己在那一刻像传说中的仙人一样获得了永生。

　　盘锦这片芦荡，对于一些鹤来说，是中间站，它们从更冷的黑龙江扎龙到江苏盐城等地南迁北徙都要在此停歇。早春在盘锦逗留，是因为扎龙保护区的沼泽地还没有解冻。而对于另外一些鹤来说，这里则是它们的家园。它们代代相传，年年岁岁在这里繁育、生长栖息。对这两种情况的鹤，我们一视同仁，一样的百般呵护，不过要把后者称为盘锦鹤。

开始，我以为冬季鹤之南迁与其他候鸟一样是怕冷。北方的寒冬，人在有采暖设施的屋子里都不觉得温暖，何况暴露在野外的鸟呢？后来经过咨询才弄明白，原来鹤之迁徙与其他候鸟一样是因为大地结冻，它们吃不到小鱼小虾类食物，喝不到淡水。寒冷并不是主要问题。因为羽绒是保温极好的材料，我们保护区人工饲养的鹤就在空旷的芦荡中度过每一个冬季。

北方的沼泽芦荡是丹顶鹤真正的家园。每年冬季，它们走得很晚，晚到深冬的风雪封冻了每一条江河湖沟，直到找不到一口水喝，找不到一丁点食物。那时大约是11月底，它们是迫不得已才飞往南方的。

在人口密集、芦荡沼泽很少很小的南方，它们勉强挨过三个月，便急不可耐地飞回北方来。是呀，它们有重要的事情要做，选择附近有水的高地，衔来枯苇芦絮忙着筑巢。巢要筑修得有双人床那么大呢。它们还要把孵化鹤雏的小巢也连带着修出来。这是需要很多的劳动日的。然后，在五月初，它们开始产蛋孵卵。到六月初，小鹤就孵化出来了。

你知道丹顶鹤从南方归来得有多早吗？2006年的3月6日农历正月廿五惊蛰日，听在保护区工作的爱人说野鹤回来了。我无比惊喜，忙把艺术馆搞摄影的，写诗的，搞美术、音乐和舞蹈的那些艺术工作者，统统用车拉到保护区去，一起去感受野鹤的秀美和灵气。

大苇塘接天连地莽莽苍苍。我们的车子沿着颠簸的土路前行。尽管天气晴朗，但正是春寒料峭时，大家虽加穿了衣服仍觉得凉飕飕的。沿途我看到，路旁水沟的冰雪刚刚融化一点边缘，水是可以喝到了，但吃的东西在哪里呢？野鹤回来得这么早，在大地完全解冻之前它们该是多么的艰难啊！可能这也比嘈杂的南方郊野要好过得多吧。

正想着，突然听见前面车上有人喊："看，仙鹤！"果然远处有几个白点点。又前进了几十米，我忙叫司机停车，免得马达声惊动它们。下得车来，我们一个个屏住呼吸，猫着腰，脚步轻轻地向鹤走去。我们希望能以这些可爱的鹤为背景拍几张照片，但鹤们哪里肯配合，叫我们如愿以偿呢！它们是以机警出了名的，"露惊夜鹤"的传说就是明证。在寂静的秋夜，听到露珠滚落滴答作响，鹤们便高声鸣叫，互相报警，择地另栖。而我们这么一群黑压压的人，再加小心也会有响动，我们离它们还有二三百米呢，它们就飞走了。它们一字排开在更远的坝埂上，头扬着，机警地倾听我们的走动。它们很显眼，因为整个大芦荡都早已收割完毕，芦苇也都运走了，百万亩芦荡已变成了坦荡无垠的苇塘。而它们四周的苇茬又是刚烧过荒的，塘地光光平平黑黑的，而鹤们却是青青白白、亭亭玉立的。多想走得更近一些，亲眼目睹它们的风采，向它们问候一声"丹顶仙子，你们好！"但它们却飞走了，飞到我们目能及但足不能到之处去了。

我们向苇塘深处驶去，每个人都睁大了双眼，比那些鹤都机警似的，搜寻着新的目标。走了不出二里地，便远远地望到路的左前方有三只鹤，这次我们提早下了车，蹑手蹑脚地靠近它们，距离二三百米时，它们也是一声令下飞走了。它们是凭视觉还是凭听觉发现了我们，我不得而知。它们怎么这么有灵气，真不愧为"仙"鹤。我们驻足远望，见它们三个落脚的地方，还有些散在的白点点，它们莫非也懂得人多势众。我嘱咐司机一定要轻轻的，压小声响。我小心翼翼地开车门、关车门，下车后都不敢迈步，怕再吓走这些仙物。抬眼望去，这一处好不壮观，仨儿一群，俩儿一伙，总共有二十几只。那是在一条较高水坝的南面，原来它们是纷纷到阳坡水沟边找水喝，顺便在化开一点的沼泽里找点食物吃，找不到小鱼小虾，也许可以找到几根草根，几粒草籽。这也使我明白了为什么鹤偏选择人来车往的路边处觅食，因为筑路用土，路边水沟堤坝比较高，水面比较深和宽，坝阳面的冰水比较容易融化。但为什么都是三四只一伙呢？回家来才问得清楚，一对鹤一年一般只产一两枚卵，多的二三枚，孵化成功一般在一两只。鹤妈妈鹤爸爸是很抓紧子女的培养教育的：小鹤出壳后，妈妈教鸣叫、语言沟通，舞动跳跃；羽翼初丰，爸爸教飞翔，练习起飞降落。因为小鹤出生后长不到半年，在丹顶还未生成，仍穿着小鸭子一样的黄褐色花衣裳时就得随父母作长途迁徙，去南方越冬。没有强健的身体和高飞远翔的本领怎能适应这生存的需要呢？到了第二年早春，小鹤们便头戴丹顶，身穿和爸爸妈妈一样的白羽，一起飞回家来。这时独生子女家庭就是三只，一双儿女就是四只。直到鹤爸爸鹤妈妈再度交配、孵化，大孩子才不得不离家去寻找配偶。我们的摄影家试图以他那特殊的工具摄下野鹤仙姿，便借助坝埂的隐蔽近乎匍匐地向鹤群迁回，我们为

鹤（砖雕图纹） 苏州

了他的成功，便原地不动不声响，看来还是它们的听觉比视觉灵敏，当距它们几十米外的相机快门喀嚓作响时，先是它们当中的一只鸣叫飞起，其余的便一呼儿冲天而起。那群鹤舞蓝天的场景美丽得令人炫目。一种祥瑞、一种豪迈汩汩涌出心田：盘锦，我为你自豪，你的天地间拥有这样神奇的精灵，你怎能不繁荣吉祥！

经历了又一次失败，才醒悟了我们人类根本没有办法去接近这些精灵。我们便不再频频下车，而是坐着车子，沿着苇塘小路慢慢穿行。又见到了几群鹤。令人奇怪的是，它们并不像怕我们那样怕车，它们是不是以为汽车是苇塘里的甲壳虫什么的？还是人类对它们的伤害使它们伤透了心，从而把人类视为最大敌人唯恐避之不及呢？要不，为什么车子在它们身边经过它们不经意，而一听到我们停车、下车，一见到人，就马上飞走了呢？什么时候野生仙鹤在盘锦也能像红嘴鸥在昆明那样和人类相亲相近呢？

实际上，盘锦的志士仁人已经有了明智之举，听我爱人说，保护区近几年都在丹顶鹤早春到来时就在主要水渠边——它们经常饮水觅食之处撒下了一些玉米，以保证它们不受饥饿。这大抵也是更多的丹顶鹤更早地回来的原因吧，可能是丹顶鹤较多在路边觅食的又一个原因吧？

虽然我们未能接近丹顶鹤，但作为百万盘锦人中的寥寥数人，我们还是十分荣幸的，因为又过了几天，闻讯而去的人们看到的场景就比我们那次大为逊色。我们那一天先后看到的野鹤有几十只之多，而他们却只看到两三只。也许在盘锦间歇的那部分鹤都飞往扎龙去了，也许留下的那部分已飞往靠近海边解冻地区的苇塘深处去了。

总之，我们这一次看到了许多野鹤，这令我们非常满足。因为一年中可见野鹤的日子只有野鹤归来的那最初的一周，此后，它们便或北迁或隐居了。春暖花开的时候，它们便开始忙碌的生活，一直到冬季的来临。再者，夏季蓬勃生长起来的芦苇，成了鹤的屏障，人的视野也就被遮蔽了。而且沼泽湿地一旦全部化开，人也就举步维艰，无法深入接近鹤。因此，我总结出，想看野鹤，一定要抓住时机；要想看到更多的野鹤，人类一定要增强保护意识，别侵害它们。

大芦荡之歌

我是个苇乡人，家乡的100万亩芦荡时刻在我心头。它的神奇，它的广阔，它的丰富，它的美丽，永远令我魂牵梦萦。我常遐思，那片芦荡一定是十分古老十分古老的，也许在浑然一体的天地在瞬间裂变时就有了吧，起码也应与相连的海水、海滩同时出现。那应该是天地的造化。这样一来，你就无法计算它们已繁衍了多少茬、多少代，正像那潮涨、潮落一样。每想至此，我都要生出许多崇敬。那芊芊细细、其貌不扬的芦苇呀，它的生命有多么久远，而且，这生命又是一脉相承从未间断的。芦苇的生命线就是那沼泽地下的芦根。你看那芦根，雪白雪白的，正像那荷花的出污泥而不染。什么时候你挖出的芦根都是如此，它古老的生命永远是那么鲜活。那根根筋络就是芦苇的血脉，你绝对会相信，一定有红色的血液充盈在这芦根、芦管里。那血液千万年都在流淌搏动，以它的甘甜滋润着这片土地上的这片芦荡。

你来看看芦苇扎根的这块土地吧！它是怎样的贫瘠，怎样的盐碱？而且这是挡不住的盐碱，是与涨潮的海水一起涌上来的盐碱呀！要知道，盘锦的海拔只有4米，而这片芦苇荡正在海岸线上，海拔几乎接近于零。当一次次将这片土地浸泡的海潮退后，裸露的土块上便会结出一层层盐碱的晶体，而芦苇仍然会顽强地活着：当大旱发生时，这片湿地就变成了干地，咸水、淡水都没有了，土地上可刮出碱盐来，而芦苇仍然会顽强地活着。

芦苇几乎是这块土地上唯一的生物。

这是怎样的品格和怎样的生命力呀！芦苇用自身的顽强营造了这块绿洲。它调节着气候，吸附着灰尘，清新着土地，涵养着旱涝。同时，又庇护着无数的水禽生灵。不知什么时候，鹤来了，选此为栖息地；不知什么时候，鸥也来了，择其为栖息地；美丽多情的鸳鸯也选择了一条苇沟，世世代代在此相亲相爱；鸣声悦耳、身姿灵巧的大苇莺则亲近、跳跃在每一根芦秆上。全世界所有喜欢湿地的鸟儿们都飞到这里来了；林林总总，有200种之多。全世界只有1000多只的丹预鹤，在这里停歇繁殖的就有300多只。这里又是迄今为止发现的世界濒危鸟类黑嘴鸥唯一的一块繁殖地。

芦荡就是水鸟们的乐园和天堂。

简直不能想象，如果当初或现在乃至今后的某一天，芦苇离弃了这里，那么，这块土地就会成为不毛之地。那将是怎样的恐怖和悲哀啊。

我们人类应向芦荡许下诺言：保护大芦荡永远美丽，使我们这些芦荡生物——人、芦苇、水禽及其他的湿地动植物永远和谐共处，永远相依相伴！

认识湿地

　　大概湿地这个概念对许多人来说是陌生的。什么是湿地呢？目前世界上关于湿地大约有50种定义。这些定义可分为广义和狭义的两种。《湿地公约》的定义就是一种广义的定义，且是国际公认的。即：不问其为天然或人工、长久或暂时的沼泽地、泥炭地或水域地带、静止或流动的淡水、半淡水、咸水体，包括低潮时水深不超过6米的水域。这个定义包括海岸地带的珊瑚滩和海草床、滩涂、红树林、河口、河流、淡水沼泽、沼泽森林湖泊、盐沼及盐湖。截至1997年3月，已有100个国家参加了《湿地公约》，共约872块重要湿地列入国际重要湿地名录。这样一来，好像许多沿海和平原地带的地理地貌便都容易符合国际性湿地的特点了，其实不然，国际湿地组织对于湿地的界定是有很高要求的。但一般说来，沿海和平原地带的自然保护区容易出现国际标准类型的湿地。双台河口国家级自然保护区就已基本具备了湿地生境的特点：沿海、洼地、河流、芦荡沼泽……保护区的管理者们正在努力，争取早日加入国际湿地组织。

　　湿地有什么效益呢？湿地是高生产力的生态系统，有着很重大的效益。这些效益包括湿地的功能、用途和属性。湿地的高生产力的生态属性，是指它通常接近甚至超过集约农业系统的生产力。这个结论已被其他国家的湿地资料所证明，双台河口国家级自然保护区的资料也可证明。盘锦集约农业主要是水稻种植，保护区内的沼泽地主要生产芦苇。目前，水稻与芦苇的亩产量基本相等，都是600公斤左右。水稻每亩毛收入700至800元，芦苇亩收入200元多一点，但水稻的亩成本高达500多元，而芦苇基本没有什么成本投入。这样，一亩水稻和一亩芦苇的收入就基本相当了。芦苇可以说是盘锦这块沼泽地里的天然产品源，只需很少的劳作，就可岁岁收获芦苇，卖作造纸原料。一个盘筛芦荡，就养活着4个苇场、几万口人呢！此外，湿地中的天然渔港、近海渔业、滩涂和近海养殖等也可给人类带来天然的效益。那么，那种改造苇田为稻田、鱼塘、蟹池的做法就显得大可不必了。因为，在某些情况下，开发造成的经济损失超过开发的预期效益。或者说，保持湿地不受干扰破坏的经济效益和社会影响大于改变湿地而产生的效益。何况，湿地对人类生存和发展还有着更为重要的效益呢！

湿地的效益还体现在它的功能上。其一，流量调节。湿地能储存过量的水分，起到控制初级洪水的作用。沼泽是一个巨大的生物蓄水池。它如同一块海绵，能保持大于其土壤本身重量3至9倍或更多的蓄水量。这与沼泽土壤具有特殊的水文物理性质有关；其二，防止盐水侵入。在地势较低的沿海地区，下层基底是可渗透的。淡水楔一般位于较深咸水层的上面，通常由沿海淡水湿地所保持。淡水楔的减弱或消失，会导致深层咸水向地表上移，因而影响生态群落和当地居民的淡水供应。另外，河流等向外流出的淡水可以限制海水的回灌；其三，防止自然力的破坏。湿地植被的自然特性可防止或减轻对海岸线、河口湾和江河岸的侵蚀。如双台子河口保护区内的百万亩芦苇荡就起到了保护渤海海湾最北部的双台子河口两侧118公里的海岸线的作用。芦苇盘根错节的地下根系结构起到了稳固海岸、削弱海浪和水浪冲力的作用，湿地植被还可起到防风的作用；其四，滞留沉积物、营养物，排除有毒物。某些湿地特别是沼泽地和泛洪平原的自然属性有助于减缓水流的速度，有利于沉积物的沉降和排除。这种沉降和有毒物质及养分的排除密切相关，因为这些物质常常附着在沉积物颗粒上。因此有人用人体的肾来比喻湿地的这种分泌功能，称湿地为"地球之肾"；其五，是野生动物的基因库。许多湿地都有大量的野生动物，野生动物种群的维持要求有一个适宜的基因材料库。研究和保持野生动物的遗传和变异，最好的选择是保护适宜面积的原始野地野生种群的生境。一些湿地汇集了所有物种的大量遗传成分，特别是一些迁徙性海滨鸟类沿着它们的迁徙路线大量汇集在几个湿地上。像双台河口保护区就是世界迄今为止发现的唯一一块黑嘴鸥繁殖地。要想长久地保护和利用黑嘴鸥这个物种种群，就要设法保护好它们的生境。而双台河口保护区作为丹顶鹤繁殖的最南限的生境条件也是绝无仅有不可替代的。

可见，湿地的保护具有十分重要的意义。第一，湿地是重要动物生命循环的生境，对特有物种和有限分布物种的栖息尤为重要。如占美国陆地面积5%的湿地里栖息着联邦政府所列濒危物种的43%。占中国国土面积2.6%的湿地中，栖息着国家一类珍稀鸟类的50%。而亚洲的57种濒危鸟，在中国湿地里就有31种。世界上共有15种鹤，在中国湿地里就有9种，仅双台河口保护区里就有鹤类6种之多。可见，辽阔广大而且水草丛生的湿地环境为鸟类提供了丰富的食物和避敌、营巢、繁殖的良好条件。第二，湿地可确保稀有物种、生境、群落、景观、生态系统、自然过程或湿地类型的存在。为此，要加大政府的保护行为，建立自然保护区来作为重要载体。据统计，至1996年年底，中国已建立了约800个自然保护区，其中，湿地类型的自然保护区有162处，已列入国际重要湿地的自然保护区有7个。第三，湿地有利于小气候的保持。湿地的蒸腾作用可保持当地的湿度和降雨量。湿地对所在地区的人类活动和农业生产确有影响：森林湿地的效果十分明显，沼泽湿地的效果也较突出。如，附近沼泽的晨雾可减少土壤水分的丧失。此外，湿地还有休闲和旅游、研究和教育等社会文化意义。

湿地既然有诸多效益和功用，就应好好予以保护。于1971年在伊朗拉姆萨正式通过的政府间协议《关于特别是作为水禽栖息地的国际重要湿地公约》（通常称为《湿地公约》），为湿地保护方面的国际合作确立了基本原则。各国各个湿地都应认真遵循。

由此，我们想到了盘锦这块湿地。即双台河口国家级自然保护区的范围，亦即盘锦百万亩芦荡的幅员。它地处辽东湾的顶端，辽河入海口处，地理坐标介于东经121度30分至122度，北纬40度45分至40度10分，总面积12.8万公顷，是一个以保护丹顶鹤、黑嘴鸥等多种珍稀水禽及完整的滨海湿地生态系统为主的野生动物类型自然保护区。这块湿地的质量很高，主要得益于以下条件：地势低洼，海拔平均只有4米；众多的河流在此汇集人海，水利资源非常丰富；气候湿润温和，温度最高的7月份平均气温为24．4℃，温度最低的1月份的气温为–10．4℃；降雨量和蒸发量大，年平均降雨量623．2毫米，年蒸发量1669．6毫米。

鹿鹤同春（剪纸）

这块湿地，自古人烟稀少，被称为"南大荒"。这使隐蔽条件要求高的丹顶鹤等大型水禽很早就选择了此处作为栖息繁殖地和迁徙停歇的中间站。另外，湿地内河沟渠汊及洼地的淡水，加上河岸、海滩、水边、浅沟、沼泽、草地、潮间带等处的小鱼小虾和草籽，都为鸟类提供了天然食物和水源。这样优越的环境和气候特点，吸引着越来越多的鸟来到这里，把这里当做了自己的乐园。截至1998年7月，这片湿地共记录了各类动物710种，其中，鱼类125种，昆虫300种，两栖爬行动物15种，哺乳动物21种，鸟类249种。

在这些野生动物中，较为引人注目，并具有国际性保护意义的物种有：丹顶鹤、黑嘴鸥、白鹤、大雁、野鸭类等其他涉禽及太平洋斑海豹等。世界上才有1200只左右的丹顶鹤，每年途经此区的就有500只左右。黑嘴鸥是仅分布于中国东部沿海河口滩涂繁殖的濒危鸥鸟，其种群不足7000只，该区就有2700只，是目前世界上最大面积的黑嘴鸥繁殖地。

双台河口保护区于1985年5月建立，1988年被批准为国家级。经过十几年的努力，该区的工作已形成了自己的特色，并取得了一定的成绩。机构、规划、宣传、科研、保护等，均见成果，尤其是与国际组织和政府间的合作更富有成效，已与世界自然基金会香港分会和日本北九州市政府分别合作，进行了有关黑嘴鸥的专题调查研究，与澳大利亚涉禽保护组织进行了涉禽的迁徙与种群数量统计的调查，并于1996年4月，经中国政府批准，加入了"东亚一澳大利亚涉禽迁徙航道保护网络"。今后，该区应在资源管理、科学研究等方面做进一步的探讨和努力，更好地发挥湿地保护区在湿地保护方面的重要作用，扩大该区在国内外的影响。

当我们认识了湿地这个概念，也同时认识了我们身边的湿地——双台河口国家级自然保护区后，心中多了几分收获的欣喜，同时也多了一分责任。那就是：湿地具有重要的功能和效益，随着时间的推移，湿地的效益会越来越大。为了我们自己，也为了子孙后代，我们应该珍惜这块湿地，并以切实的努力来保护好它，让这块难得的湿地更好地为生物服务，为人类造福。

芦荡四季

　　渤海辽东湾畔这片世界最大的芦荡不知存在多久了。但我知道，以它为家园、岁岁冬徙春归的丹顶鹤，比人类在地球上要早出现6000多万年。

　　这片芦荡实际是一块沼泽湿地，是水禽们的栖息地。惊蛰刚过，芦荡庇护下的200多种鸟就迫不及待地从南方成群结队地返回来了。而此时春寒料峭的芦荡里，芦笋正在地下的芦管上

仙鹤神韵（剪纸）　黑龙江　倪秀梅

悄然滋生。过不了几天尖尖的芦笋就会争先恐后地破土而出。初生的芦笋如同刚出蛋壳的小鸡，暗绿色外衣着丝丝血红，它们欣欣向荣、日新月异。

最快乐的是那些湿地水鸟，它们衔来枯苇的秆、叶、花絮，筑就一个个舒适的窝巢，为繁殖新生命做准备。你看，一对丹顶鹤的巢有一张双人床那么大呢！

夏天的芦荡充满了生机，一派繁荣景象，百万亩芦荡变成了一块无法丈量的翡翠。鸟雏儿们在苇秆间穿梭练走、练捕食。一根根芦苇不枝不蔓，昂扬向上地生长着，生长着。虽然它们扎根在盐碱地里，吃进去的是苦，喝进去的是咸，贡献的却是浩瀚无边的新绿。它们面迎的是涩涩的海风海浪，却涵养着湿地的旱涝，消化着污浊，执意要为这一方人创造一个空气清新、环境洁净的天地。

翠绿的芦荡吸引着游人，它让每一个热爱大自然的人得到一份惊喜。是啊，在芦荡中穿行，确实让人产生一种鸟翔天空、鱼游大海的感觉。

芦苇在夏秋之际变换了色彩，那是因为芦苇的花穗长出来了。芦花初放时，它的圆锥形花絮如高粱穗般大小，着暗红血色。在苇海的碧波中，芦花像一簇簇火苗燃烧着、跳跃着，显示着成熟的风姿。

就在深秋的某一个清晨，你会发现，芦荡魔术般地变成了一片白色，仿佛是前夜下了一场大雪覆盖了一切。试想一下，当千百万枝雪白得眩人眼目的芦苇花一齐竞相怒放时，那是怎样的一种浩瀚无垠和波澜壮阔啊！其大意境、大美丽真让人难以言表，我敢断言，世界上任何一种植物的花，都无法与芦花的浩瀚相媲美。

　　长着与芦花一样雪白羽毛的丹顶鹤及其他水禽们此时最为忙碌，它们要利用在北方家园这些最后的时光做好南迁的准备，多找些鱼虾吃得壮些，多训练训练出生才四五个月的小雏儿，增强它们的飞翔本领。保护区的工作人员也在忙着，多捕捞一些鱼虾，晒干，为在保护区越冬的水禽们准备些富有营养的食物。

　　凛冽的北风刮起来，鸥飞了，鹤翔了，往日喧闹的苇塘出奇地宁静。这是芦苇们最为孤独的季节。一枝枝凋絮的芦苇一顺水儿地面向南方，那是鸟儿们飞走的方向。也许这是最后的遥望了，因为不远处的村庄里，割苇人正在集结。然而，芦苇们没有遗憾，它们已把生的信息回传到了地下的芦根里，那雪白的芦根不正是芦苇的命脉吗？它们从远古绵延而来，又在向未来延伸而去。

　　不要说冬季的芦荡没有风光，金色的、笔直的芦苇个个亮丽而坚挺。我在这时来到芦荡深处，站在冰冻的雪中，为每一根芦苇送别。我知道它们的去向：或粉身碎骨去酿成上好的纸浆，或化作熊熊火焰给人们送去温暖。这年年岁岁生命的轮回绝不亚于凤凰涅槃！

　　让我们与今年的这代芦苇相约：明年早春，我们再会于这四季有歌的芦荡。

芦花礼赞

芦花是秋天的花，立秋前后，它便开放了。初放时，它的圆锥花序像高粱穗般大小，又像高粱穗般着暗红血色。在苇海的碧波中，那些花朵像一簇簇火苗燃烧着、跳跃着，充满了生命的活力，显示着成熟的风姿。然而，这时的芦花并不代表真正意义上的芦花，因为在约定俗成的芦花概念中，芦花是白色的。白色才是芦花的本色。好在这时的芦花离本色芦花并不遥远。

"忽如一夜春风来，千树万树梨花开。"大芦荡在深秋的某一天早晨顷刻间变成了白色的海洋。雪白的芦花飘浮在黄绿色的苇海上，真像覆盖着一层雪。难怪前面唐代岑参形容雪的诗句用来形容芦花会这么恰如其分。唐代戎昱形容芦花的诗句也很俏皮："稍误芦花带雪平"，他把芦花误认成了雪层。而许浑则把芦花比喻为浪潮，"芦花风起夜潮来"。总之，白色的芦花在人们的眼里是格外的美丽壮观的。

芦花的美是浩瀚而广泛的美。芦苇广泛分布于世界各地。在中国，自东部沿海滩涂到西部大陆性内陆湖沼，从南部亚热带到北部温寒带，均有它的生长。仅盘锦，就有百万亩芦荡。可以想见，百万亩芦荡的芦花怒放，该是怎样的一种波澜壮阔！我相信，世界上任何一种植物的花卉，都无法与芦花的规模相比。芦花具有无法比拟的广泛性。四面八方，天涯海角，在世界任何一个地方，你都可以看到这样的情景：芦苇伸展出自己如穗的花朵，在宁静的秋日里，像一面面雕塑的旗帜，凝重地张扬。

芦花是无私又无畏的花。芦荡湿地是丹顶鹤、黑嘴鸥等珍稀水禽的栖息繁殖地，芦苇是鸟儿们的保护神。在春夏季，鸟儿们在苇中安详地孵雏；而到了芦花开放的时节，大鸟则忙着训练小雏们练走、练飞、练捕食。如雪如潮的芦花与雪白的鸟羽相映衬，难解难分。芦花丛是鸟儿们最好的庇护地。当鸟儿们南飞后，芦花把孤独留给了自己。那时，芦花像一只只举起的手，摇摆着、摇摆着，像是在欢送，又像是在企盼。芦花是在陆地上最艰苦条件下绽放的花。沼泽湿地，盐碱海滩，大漠沙荒，它都能扎根、展叶、开花。无论脚下的土地怎样的贫瘠，也无论生存的条件如何地恶劣，芦花都挺直了腰杆，昂然地去承受。芦苇的耐碱能力有多强？盘锦有一处明证：在新修的拦海大堤外，有一块涨潮为海、落潮为陆的水陆相接地带。那里生长着大片大片的盐碱草，其间，竟奇迹般地生长着一些芦苇。那些盐碱草在海水一次次的浸泡下都变成了红色，可芦苇却依然青翠，到了秋天，它们也会如期绽放出白色的花穗。那些芦苇就像是绣在红色地毯上的图案似的，而且，它们还随着季节变幻着色彩，真是美妙至极。

有人说，芦花不是花。而我要说，芦花不仅是花，而且是秋天里最美的花，：是我心中最美的花。我爱芦花。它代表着生我、养我的家乡的风采；它还启示我，活着，就要像芦花那般昂扬而顽强。

苇海日出

很多人见过海上日出，山上日出，但很少有人见过芦荡日出。今年秋季的一天，我却有了一次机会，见到了芦荡日出。

中国著名摄影家吕厚民先生慕名前来盘锦拍红海滩，但不巧的是红海滩因为渤海赤潮和雨水过大等原因，本年度过早地衰落了。于是，盘锦摄影界的朋友们便想出了一个弥补的主意，到自然保护区去拍丹顶鹤。吕老果然高兴起来，而且还提

鹤（剪纸）　辽宁　李广禄

议要在日出时拍。大家都欢呼雀跃起来。听说四点半就得从家出发，我有点犹豫。还是市摄影家协会徐主席会做工作，将了我一军，吕老年逾古稀了都能去，你还怕起不来吗？我不好意思了，另外，又想到也可借机向他们观摩和学习，便决定去了。

起了一个从未起过的大早。整个城市都在黑灰色的夜幕下沉睡。我们的车队悄悄地出发了，一会儿就到达了处在苇海深处的自然保护区管理站。鹤们、鸟们还都在睡梦中，我们先不去打扰它们。吕老是摄影界公认的领袖，从建国初期到60年代初期一直为毛主席等中央领导做专职摄影师，堪称摄影大师，最懂得摄影的场景应该如何布置和安排，大家都听他的。他却并不言语，在芦荡中毫不犹豫地穿行，走到一处比较平坦的洼地，他停了下来。那洼地四周是一人多高的、正开放着花儿的芦苇，那刚刚绽放的芦花白中泛红，那芦叶则绿中泛黄。洼地的中间有一条浅浅的水沟，水洼的四周是开放着白色小花的补血草。这时，东方已露出了鱼肚白，太阳马上就要升起来了。管理站的工作人员已把两只丹顶鹤赶送过来。

摄影师们都披挂各自的武器上阵，每个人都带了几架照相机，都有一架镜头一尺来长的长焦相机，傻瓜相机就五花八门了。吕老的傻瓜相机最小，他不停地用它拍照，可能是喜欢它的小巧灵便吧。相形见绌，我的机械相机既小又旧，根本派不上用场。我便知趣地退到旁边的高地上，来拍摄他们这群正在忙于拍摄的人。他们的拍摄方阵真是美得很：高低错落，有前有后，有屈有伸，浑然一体。我们正拍着，忽听有人轻声地喊："看，太阳！"大家都屏住呼吸，仿佛怕惊动了仙鹤，也怕惊动了太阳似的。那两只鹤仿佛也听懂了人们的话似的，也一齐把头转向了东方，与人们一起来顶礼膜拜那初升的太阳。东方的天空在压近地平线处显得很白，太阳在那白光的映照下显得很小，色泽很淡，轮廓也不明显。这使我想起了一次在海上看日出的情形，海上的太阳也是这般模样。大概日出的气势太磅礴、光线太强烈吧，不像日落时那般的柔和和舒缓。我不禁有些失望，不是因为自己，而是因为吕老一行。

可是，当我收回目光到近处的芦荡中时，却发现了美妙的画面：灰色天幕下的芦荡里，仙鹤雪白，姿态昂扬；芦苇、芦花墨绿、深红，底蕴沉静。太阳已升到了仙鹤头顶，芦苇、芦花浓重的底色把太阳显得黄灿灿的。这时的太阳不是与大地脱离，而是重新融进了大自然的怀抱之中。自然万物原来是这样的相亲相爱，密切相关。我在心中欢呼起来，忙按下快门留下这美好的瞬间，同时，我想起了同行的人们，这样的画面他们可曾看到？我不禁侧目看去，只见所有的摄影师们都在忙碌，满耳是快门声起声落。真希望给这样的画面来一个定格，让大家拍个够。但是，那轮太阳在与仙鹤芦花进行短暂的拥抱亲吻之后，便欢快地跳跃着升到天空上去了。

芦荡日出竟是这样美妙而短暂。但这一瞬却启示我们要尊重自然界，无论是静止的植物，还是可移动的动物，都是生命力的显示，都有着千丝万缕的自然连接。在每时每刻，自然物们都有着日复一日、年复一年的亲和方式。这是一种久远而神圣的联系，一瞬代表着永恒。对此，人类只应当敬仰，而没有任何理由去破坏它。

在保护区吃了简单的早餐，摄影师们又拍了一些鹤与芦荡题材的照片。一位承德来的摄影家拍得最多，他说他要拍制一幅千鹤图。吕老为了表示对我奉陪拍摄的谢意，还特意为我和在保护区工作的爱人在餐厅旁的芦苇丛前拍了几幅夫妻合影。这一切都做完，才七点多钟，我便先行一步上班去了。

芦荡日出的照片洗放出来，果然不同凡响。仙鹤圣洁的白羽，芦荡深幽的墨绿，太阳灿烂的金黄，交织融合，生就出的是一种特殊的景象。

归去来兮

　　这是一个关于鹤的凄美故事，想起来我的心中就不免隐隐作痛。但在讲述这个故事之前，我想介绍一下丹顶鹤的一些习性。

　　鹤之爱恋是鸟中的典范，丹顶鹤的爱情是忠贞不渝的。鹤是一夫一妻制，它们的配偶关系稳定，只要两情相悦，并在一起繁殖过后代，就终身不再分离。这不是人的主观臆断，而是鹤的一种遗传特性，是自然选择的成功，它排斥紊乱的群婚，以及配偶龄期悬殊的弊端，对鹤类种群的昌盛繁衍，无疑起着积极作用。对此，有史实文物可以为证。在扬州大明寺平山堂的山坡下，有一座鹤坟，坟旁石碑上，铭刻着"鹤冢""双鹤铭"等铭文。原来，清末大明寺的主持星悟和尚曾经将双鹤放养于堂前池塘内。两鹤相亲相爱，形影相随。但不久，一鹤因患足疾死，另一只鹤则哀鸣不已，最后，竟绝食而死。

　　鹤的家庭观念很重。夫妻双方共同负责子女的孕育孵化，共同哺育雏鸟。雄鸟并不表现大男子主义，与雌鸟轮流作巢孵卵，轮流捕食喂食。成鸟对雏鸟是关怀备至的。如育雏期间若发现猛禽进犯，亲鸟会奋不顾身将其驱赶走。如发现有人走近，它们会作出勇敢而智慧的举动：雄鸟引颈先行撤离，引开人的注意；雌鸟则携带雏鸟悄悄撤离。在这种时候，以机警著称的野鹤倒不怕人的走近。鹤的迁飞也是以家族方式进行的，对待第一次到南方越冬的雏鸟，亲鸟是百般呵护的，但在鹤刚刚返回北方的繁殖地后，亲鸟们便会纷纷驱赶雏鸟离开，不允许它们再回到父母身边。鹤刚迁徙回来时，你可以看到，在芦苇被收割后的苇塘地，或三只鹤、或四只鹤在一起行动的景象，那三三两两的群体就都是不同的鹤的家庭。在不同家庭短暂的接触中，家长们便开始督促起子女们的婚恋；让不同家庭的子女去接触，从中寻找配偶。同时，父母们也要在它们的爱情领地里开始准备新一年度的繁殖孵化了。

和和与美美是盘锦双台河口国家级自然保护区里的一对鹤。和和是野鹤繁殖的，它刚刚出壳不久，就被天敌将它与父母给冲散了，后被人捡回。美美是人工孵化的，它们同年，也基本是同月出世。在保护区屈指可数的十几只鹤里，它们俩是最般配的。果然，它俩相爱了。无论是在笼子里休息，还是在野外活动，它们俩都形影不离，两情依依。驯养员红姐暗自高兴，把它们关：在一个小笼子里，进一步培养它们的感情，期盼待它们成熟起来时好繁殖后代。它们相安无事地相处着，让人高兴。

日子一天天地过去，一晃两个春夏秋冬轮回而过，和和美美愈发地俊逸雅致，羽毛雪白，身材挺拔，丹顶鲜红。和和的个头比美美高一些，扬起头来已与红姐一般高。红姐对它们有一份特殊的待遇，每天会把它们从笼子中放出，允许它们在周围随便游游逛逛。它们或在广场上为人们表演对舞、对鸣，或飞到苇丛中嬉戏玩耍。但它们无比恋家，玩够了，会主动回来走进笼子，从来也不曾让驯养员操心。因此，它们成了放心户。

秋天来了，芦花似雪。湿地有些干涸，可以很容易地找到小鱼小虾，和和美美更愿意双双飞到芦花荡里去。红姐只有在黄昏前才去芦荡中唤引它们回笼子休息。

深秋时节，候鸟迁徙。天空中不时传来鸟的鸣叫。红姐也和其他的驯养员抓紧时间深入到芦荡中捕捉些鱼虾，为鹤预备出冬季的吃食。和和美美就在她们劳作的沟渠旁边的不远处，红姐还扔过去几条小鱼给它们吃呢。但过了一会儿，和和美美突然飞了起来，并"郭、郭"地大声叫着。红姐也没在意，因为它们经常会在苇荡上空盘旋鸣叫。但是，好一阵子，没有了动静，红姐抬头一看，和和美美飞得没了踪影。

直到黄昏来临，它们都没有回来。红姐和其他驯养员几次进入芦荡寻找，都没有找到。技术员分析说，它们可能被野鹤引带走了。迁徙的野鹤飞翔的高度只有500米左右，它们的鸣叫和和美美能够听到。难道是和和的父母在迁飞时发出了寻找的鸣叫？但从来与野鹤没有接触的它们怎么能够辨别出亲人的叫声呢，还是和和仍然保存着对于父母声音的与生俱来的记忆，抑或是迁徙本来就是鹤类对季节性气候变化的一种遗传性适应和生物性需求？

接下来的这个冬天，对于保护区的人们来说，是沉闷而漫长的，红姐也不知哭了多少回。

丹顶鹤是早归的候鸟。正月底惊蛰时节，野鹤就飞临盘锦湿地了。保护区汲取教训，在鸟迁飞时节，已不再敢将园中之鹤放出。一天，突然有两只大鸟降落到广场上，红姐一眼就看出是和和美美。她赶紧迎上去，用瓢中的玉米引导它们往笼子那里走。美美走在前面，顺从地进了笼子，和和却掉转头不肯进，红姐想去拉它，它却连跑几步，飞走了。人们知道鹤相互爱恋的特点，便希望通过美美来吸引和和的回归。和和也在鹤苑的上空盘旋过、鸣叫过，但再也没有降落下来。迁徙时期一过，就再也听不到和和的声音看不到它的身影了。技术员说，它是随父母在这里逗留几天便迁徙到更北一些的繁殖地去了，因为，我们这里海滩被开发用来养殖，人类活动频繁，丹顶鹤的安全系数降低，这几年几乎已没有丹顶鹤在这里繁殖了。

保护区也不敢放美美出来，找不到和和所在的鹤群，天生没有父母和家庭记忆的她自己是无法生存的。可怜的美美，日夜悲鸣，总想挣脱出去追寻和和，多少次将长长的喙伸出笼子的网眼，结果一次竟将喙的尖端别曲折断了。这以后，美美吃东西很费力，日渐毛羽纷披，体型消瘦。红姐会把食物放进较深的水盆里，这样，美美可以用喙的中下部夹吃食物。

这是一个让保护区人人心痛的事，也是让所有听到这个故事的人心痛的事。人们百思不得其解：如果说鹤的爱情牢固，就应该一起赴汤蹈火也在所不辞；如果不是对家园的无比眷恋，它们怎么会在飞走到南方过了一个冬天又选择飞回；如果不是野鹤的遗传记忆，和和为什么最终要选择回归自然与父母团聚？在丹顶鹤的心里，爱情、亲情、朋友、故园，哪一个更为重要，它们是如何做出抉择的？

我们还要发问：造成这一悲剧的原因到底是什么？应该由

谁来负责？我隐约地感觉，也许，没有最初人类对于野鹤的捕捉驯养，就不会发生后来的这一切不幸。

和和再也没有音信，美美悲悲戚戚地在笼子里度着残生。如果不发生这样的事情，和和美美可以和和美美地活到四五十年，崇尚爱情的鹤类本性会使它们相爱到老，永不分离。

鹤乡秋，芦花秋

　　我们盘锦有一块国家级自然保护区，保护区里有仙鹤，庇护这些仙鹤的是那百万亩的大芦荡。到了秋天芦花盛开时，"忽如一夜春风来，千树万树梨花开"，大芦荡仿佛顷刻间变幻成了万顷波涛的海洋，翻卷跳跃着一朵朵白色的浪花。

　　这时的鹤乡，就成了芦花的世界。

　　盘锦是辽河入海口，虽地势平坦但土地盐碱贫瘠。好多植物不肯在这里落脚，只有芦苇种群不嫌不弃，很早就在这里扎下了根，并世代繁衍，把这里培植成了世界上数一数二的大芦荡。芦苇遍及盘锦城乡阡陌。盘锦

相依（剪纸）　北京　周爱军

之秋，你随处都可见到芦花。那些美丽洁白的芦花远看如云似雾，近看如绒似纱。坐着车子在大芦荡中穿行，摇曳着的朵朵芦花，如朵朵浪花拂面而来，这时，你一定会生出一种在大海中泛舟的感觉。走在乡间小路上，芦花簇拥下的一处处青砖瓦房袅袅炊烟升起，一朵朵芦花宛如一面面酒旗，争相呼唤着你的光临，你一定禁不住为这一幅幅芦花夕照图的诱惑而驻足。

在那芦花的海洋里，长着如芦花一样雪白羽毛的一对对成鹤正忙碌着，它们要抓紧仅有的这一点时间，训练好它们那出生才五个多月的孩子，要让它们尽快地学会飞翔。虽然这些小鹤还很稚嫩，身上还穿着淡褐色如小鸭子一样的花衣裳，头顶上的肉球还色泽淡淡，丹色尚未生成。但成鹤心里有数：冬天就要到了，一年一次的大迁徙已为期不远了。尽管它们无比眷恋这一年之中庇护它们近九个月的多彩的芦荡家园，但冬天是冷酷的，冰雪会覆盖和冻结芦荡动物赖以为生的一切，可不像芦花这般温柔多情。

鹤羽芦花，是盘锦的荣耀和象征。

盘锦人像热爱仙鹤一样热爱着这些芦苇。因为有了这个芦荡，丹顶鹤才有了安定的家园；因为有了仙鹤，盘锦才有了无边的吉祥。难怪有很多盘锦人说，盘锦如果选市花，就应选芦花。

你看，在那芦花掩映的自然保护区管理站里，驯养员老景夫妇正在忙碌着。他们在无水无电的苇海深处安家，都是为了仙鹤。为了驯养的鹤能有一个最接近自然生态的环境。一进入秋季，他们就忙着下苇塘到沼泽沟渠里捕鱼捉虾，然后还要晾干晒干，为丹顶鹤准备好越冬的食物。当然，吃苞米等粮食鹤也可越冬，但老景夫妇争着解释：那样鹤的营养会不全面。可见，养鹤人一门心思想的是，让在盘锦越冬的鹤既能吃得饱，又能吃得好。

每一个深秋，保护区的管理人员都要付出超过往日几倍的工夫，

松鹤延年纹图

为鹤们劳作。记得前年深秋的一天，我陪客人去看芦花，见老景刚从芦花丛中钻出来。他满脸满身的泥巴，裤腿湿了半截，冻得上牙磕碰着下牙直打战，手里拎着的塑料桶里却装满了一寸左右的小鱼小虾。盘锦人养鹤爱鹤的精神可见一斑。

鹤乡秋，芦花秋。鸥飞鹤翔的蓝天下，雪白芦花点缀的盘锦大地上正收获着金色的秋天。稻香鱼肥，菊灿蟹黄。三春不如一秋忙，勤劳智慧的盘锦人正在为创造更美的生活挥洒着汗水。

第三章 自然之鹤

第四章

文物之鹤

中华鹤迹

　　原始鹤类出现在新生代第三纪始新世（比人类早6000万年），那时，气候异常温暖，它们都繁衍栖息在北部湿地上。后来，进入第四纪（距今2000万年以前），由于世界性冰川的发生，气候变冷，为了寻求适宜的新环境，鹤类逐渐演变成了迁飞的候鸟，它们的繁衍栖息地便随之增多起来。世界上现存

汉瓦当

的15种鹤，广泛分布在北美洲、非洲、欧洲、亚洲等地区的沼泽湿地、湖滨河畔、海岸滩涂等环境中。这些鹤种，除了肉垂鹤、赤颈鹤等五六种为不作远距离迁徙的留鸟外，其他均为在北方繁殖南方越冬的候鸟，每年按时和遵照一定的路线南迁和北归。

中国自古就有很多鹤的繁殖栖息地，仅鹤文化的萌芽便可追溯到3000年前《诗经》中的《鹤鸣》一诗，驯而养鹤的历史至少可推到2000年前让鹤乘轩的卫国国君卫懿公。直到今天，中国的31个省、市、自治区全都有鹤的活动区，或繁殖，或迁徙，或越冬，或三者、两者兼而有之。鹤的分布，东到东北、上海、台湾、福建，西至新疆、西藏，南至广西、广东、云南、贵州、海南，北到内蒙古、陕西，以长江为中心的江苏、浙江、湖北、湖南等中部地区都有鹤的踪影。而中国的鹤类保护区就有16个省的49处。其中，越冬地19处，主要分布在山东、江苏、杭州、湖北、安徽、贵州、云南等地；繁殖地21处，主要分布在东北三省和内蒙古等地，濒渤海的盘锦湿地是丹顶鹤繁殖的最南限。有十几处为纯迁徙越冬地，主要分布在山东各市、县，还有近20处保护区是繁殖、迁徙、越冬混杂地区，如盘锦既是丹顶鹤的繁殖地，又是丹顶鹤、白枕鹤、白鹤、白头鹤等鹤类迁徙途中的停歇地。

可以说，华夏大地自古到今遍布了鹤的踪影，而中华鹤文化的形成则源远流长，养鹤、赞鹤、疗鹤、悼鹤、友鹤、护鹤，及放生鹤之雅举，历代都有。这些，不仅形成了许多美好的传说，还在许多文艺作品中被表现，在楼庙道观、亭台轩榭等建筑物中，在名山胜水的风景区里，留下了许多文物古迹。

在众多的有关鹤的文物古迹中，湖北武汉的黄鹤楼名声最大。黄鹤楼与湖南岳阳楼，江西滕王阁齐名，为江南三大名楼之一。这处名楼建于三国黄武二年（223），几毁几兴，宋代、元代、明代、清代都有多次兴修，仅清代重修、补葺就有八次之多，每次所建黄鹤楼式样都有所不同，但都建得轩昂宏伟，辉煌瑰丽，峰峰缥缈，几疑仙宫，也附着了许多传说。现在的黄鹤楼是1985年另择蛇山西端高观山西坡重建的。楼高50．4米，主楼建筑面积4000平方米。博采历代历次所建黄鹤楼之长，更加巍峨挺拔。现黄鹤楼为仿木结构，崇楼五层，飞檐五舒，楼面覆以黄色琉璃，内外遍施彩绘，装修富丽典雅。

在黄鹤楼的传说中，曾有先人王子安驾鹤过于此，有仙人费祎驾鹤憩于此。较为流行的则是一则凡人引出的故事。说的是三国时一位姓辛的人在此卖酒，生意清淡。有一位道士常来酌饮，从不付酒钱，辛氏见其不凡，便不计较，款待如初。一日道士酒醉，走时用橘皮在壁上画了一只黄鹤，说道："酒客至拍手，鹤下即飞舞。"客人因此奇观骤增，辛氏因而致富。过了10年，道士又来，取笛鸣奏，黄鹤下壁，道士跨鹤直上云霄。辛氏感其恩，遂建此楼。

黄鹤楼地处武汉三镇长江交通要地，为千古登览胜地，历代诗人雅士登楼观景，题咏颇多，可谓佳作如林。明代武昌知府孙承荣等人广收博辑，得南朝诗人鲍照至明代何景明等诗、赋、杂记共四百多篇，题为《黄鹤楼集》。1988年年底，由湖北人民出版社整理、注释重新予以出版。唐崔颢的《黄鹤楼》在这些题咏中名气最大。传说诗仙李白都为之叹服，李白也有多篇吟咏黄鹤楼的诗篇，其中《黄鹤楼送孟浩然之广陵》中的

"故人西辞黄鹤楼，烟花三月下扬州"句被广泛流传。黄鹤楼前树有两重牌坊，一尊青铜龟鹤雕塑。近年，在黄鹤楼公园南区白龙池畔，又竖立起大型群鹤浮雕。这是目前我国最大的室外花岗岩高浮雕雕塑，名《归鹤图》。这尊浮雕高4．8米，长38．4米，由343块枣红色花岗岩组成。浮雕采用全景式表现手法，把99只黄鹤独具匠心地安排在松、竹、梅、灵芝、岩石和彩云流水之间，给人以祥瑞和谐之美感。《归鹤图》旁，还塑有"崔颢题诗"图。

位于彭城（今江苏徐州）西南郊云龙山顶的放鹤亭是建得较早的鹤文物古迹。此亭为宋代文人张天骥所建。张号云龙山人，博学多才但不想做官，住在山下的黄茅岗上，喂着两只鹤，并在山顶盖了一座放鹤亭，每天早晨登亭放鹤，晚上在亭招鹤，并作了一首放鹤招鹤歌，旦暮吟唱。其中有"黄冠兮草履，葛衣而鼓琴。躬耕而食兮，其余以饱汝"句，表现了他乐于清贫的气节和田园生活的雅趣。当时的徐州郡守苏轼与之交谊甚厚，曾数至其处，并在北宋元丰元年（1078）十一月特为他作《放鹤亭记》。其文赞美鹤为"贤人君子"，赞其"高翔而不览兮，择所适"，"啄苍苔而履白石"。这体现了诗人清廉贤达、高瞻远瞩，树功业于千秋的抱负。诗人还描写了云龙山的四季景致："春夏之交，草木际天；秋冬雪月，千里一色；风雨晦明之间，俯仰巨变。"苏轼后来还在他的《放鹤亭送蜀人张师原赴殿试》中描述过放鹤亭之景色："云龙山下试春衣，放鹤亭前送落晖。一色桃花三十里，新郎君去马如飞。"看来，云龙山放鹤亭给苏轼的印象太深刻了。放鹤亭历经改建，现仍玲珑挺拔地矗立在山顶北头。亭南有井一口，原名石佛井。井深七丈多，因靠近放鹤亭，明天启年间改名为饮鹤泉，并在井南竖立了"饮鹤泉"碑。山上还有绿荫掩映的张山人故居。立于山顶远眺，西有缥缈的明湖，东有近年新建的淮海战役纪念馆。现在看云龙山放鹤亭，真是一处感沧桑变幻吊古今英灵发思古之幽情叹是非成败的好去处。

杭州西湖孤山北麓也有一座放鹤亭，是明嘉靖年间钱塘令王抃为纪念宋代林和靖（名逋）而建。现在的亭子是1915年重修的。林和靖（967—1029），北宋诗人。他所处的北宋时期，民族和多种社会矛盾十分激烈。为超脱现实，他在孤山过着"闲卷孤怀背尘世"（林逋《深居杂兴》）的隐居生活。在西湖灵秀的山水中，他享受着大自然赋予的无穷乐趣。林逋在孤山20年，终生不仕、不娶，种梅养鹤，有"梅妻鹤子"的千古美谈。他养的鹤名为"鹤皋"，每当他泛舟西湖之上，有客来访时，家童就开笼放鹤，他见到鹤就返棹归舟会客。他死后葬在孤山，鹤在其墓前悲哀而死。元代人为纪念他，修葺其墓，并种梅数百株，还建了梅亭，后废。他的文学造诣很高，他的咏梅名句"疏影横斜水清浅，暗香浮动月黄昏"（《山园小梅》）流传至今。他还写了不少以鹤寓怀表现闲逸生活寄托高洁情怀的诗篇。他在《荣家鹤》中写道："数啄稻粱无事处，报言鸡雀懒回头。"他虽不做官，却为统治阶级及历代清高自居的文人所称道。连官至尚书都官员外郎的梅尧臣都曾冒雪去拜访他，盛赞其为人和他那"平澹邃美，咏之使人忘百事"的诗句。

现在的放鹤亭，翠瓦红梁，飞檐两舒，浓荫如盖。亭内有明书法家董其昌所书晋代鲍照的《舞鹤赋》，笔势如行云流水。

在鹤文物古迹中，还有一些是葬鹤的鹤冢、悼鹤的铭文。在扬州大明寺平山堂的山坡下，凄凄野草中有一座鹤的坟墓，旁侧的石碑上，铭刻着"鹤冢""双鹤铭"等文字。原来这里记载的是一个鹤的爱情故事。清光绪十九年，两淮副转运使徐星槎重葺平山堂，放两鹤于池内。大明寺主持星悟和尚非常爱护它们。但不久，一鹤因足疾死，另一鹤"巡绕哀鸣，绝粒以殉"。主持感而葬之，并树碑石于旁，命题"鹤冢"二字于上，并请湘人李都华撰写《双鹤铭共叙》，记述了此事的原委。铭文共有七十多字，赞扬这双鹤"生并栖兮林中，死同穴兮芳菲，相比其羽族兮"。并以人比拟之："而贞烈之心，世之不义愧斯禽。"这样，既悼双鹤，又警世人。鹤冢碑和鹤铭刻仍被完好无损地保留下来。

镇江焦山也有一处悼鹤的古迹，名瘗鹤铭。位于镇江著名的旅游胜地焦山西麓的石壁上，原镌刻有《瘗鹤铭》。系南朝梁武帝天监十三年（514）华阳真逸撰，上皇山樵书写的。字势雄强秀逸，很受宋书法家黄庭坚的推崇，认为"大字无过瘗鹤铭"，瘗鹤铭碑刻有"大字之祖"的美称。在碑刻后八百多年的明朝初年，这块瘗鹤铭石壁因雷雨震落江中。又经历了四百多年至清康熙五十二年（1713），才募工捞取，移到焦山藏有260多块碑刻的宝墨轩中，属稀世之珍。经过如此沉浮，现碑体残缺，刻字剥落，文意难解。但赞美鹤为"仙鹤"和"瘗尔作铭"的字迹却清晰可辨。黑龙江省哈尔滨市的龙沙公园中，也曾有一座建刻于20世纪30年代的《瘗鹤铭》，但知名度难与扬州和焦山两处相比。

在四川涪陵有一处奇特的鹤文物古迹。在城北的长江中，有一道天然的石梁，东西长1600米，南北宽10余米。关于这道石梁有一则传说，在北魏时，有一道士叫尔朱真人，因炼丹卖丹惹怒一太守，被用竹笼沉入江中，他却在江中囚他的竹笼安睡，直到被石梁边渔人救起，醒后化作白鹤而去。因而至广德元年（764）便有人在石梁上刻下了石鹤和石鱼及题记诗文。石刻采用线雕、浮雕等技法刻成。石鹤一足提起，一足独立，神采飞扬，飘然若仙。而鲤鱼状石鱼共有14尾之多，有的口衔灵芝，有的口吐莲花，栩栩如生。但是，这为中外瞩目的"水下碑林"的石碑石鹤却常年淹没在波涛之下，偶尔冬春季枯水

竹枝福字（木雕）　清

期才露出水面。建国后的1953年、1963年、1973年、1987年石鹤、石鱼都曾在水落后露出。自古就有有心的官吏、文人将石鱼石鹤出水日期、尺度及记叙其事的诗文、书法刻于梁上。千年来，共有黄庭坚等300多人留下石刻题记163段，使梁上石刻诗文纵横交错，草、楷、隶、篆字体纷呈，颜、柳、苏、黄名家咸集。北宋书法家、文学家黄庭坚晚年被贬涪州，在元符三年（1100）遇石鹤、石鱼出水，便题刻了"元符庚辰涪翁来"，字体洒脱雄奇。这座白鹤梁是一座文学艺术宝库，又拥有一定的科学价值，对研究长江上游水文变化规律，有重要的参考意义。

很多鹤文物还出现在道教发祥地及其宫观中，位于成都大邑县鹤鸣乡三丰村的鹤鸣山，为汉代道教创始人张道陵学道创教之所，被视为中国道教发祥地之一。因其南向川西平原，东西北三面环山，"其起伏轩煮，状类仙鹤，故名"，鹤鸣山因之得名。山上名胜景物亦多有以鹤为名者，有鹤衔丹书、待鹤亭、招鹤亭等。当你立于山左的单孔石砌拱桥、面迎仙桥时，便可望见屹立于江中的一方巨石，即所谓"鹤衔丹书"，系附会张道陵的一个传说而来。过桥前行，可见巨碑立于行道旁，上刻"第一山"三个大字，相传为宋书法家米芾手笔。前行数步便是文昌宫，旁有待鹤轩、听鹤亭，正殿之后的花园中有招鹤亭。亭对面石砌圆柱上，有只天然玄色石鹤，展翅欲飞，形神宛然。相传鹤鸣山"山有石鹤，鸣则仙人出"。相传石鹤是女娲补天时掉下的一颗五彩石，落在了鹤鸣山中，女娲遂派一只仙鹤前来守护。仙鹤不食不动，潜心修炼，日久变成了一只石鹤。它千年一鸣，鸣一次就有一名道人升仙："第一次鸣，周人马成子升仙；第二次鸣，东汉张道陵升仙；第三次鸣，明代张三丰升仙。故有"石鹤三鸣"之说。再前行，人右辕门，沿宫墙拾级而上，至太清宫，即古鹤鸣观。

鹤鸣山的道教宫观，始建于汉晋之际，宋代曾重加修葺，元、明、清又相继增修，直到20世纪60年代初，胜迹犹存。鹤鸣山还有24个山洞，以雪消洞、五谷洞最为著名。

这些景点，加上那些传说，在似与不似之间，带有浓重的浪漫色彩，而鹤与道教起源及发展的历史有着如此重要的联系，确是令人深刻难忘的。其实，远在道教产生之前，中国人

寿星（年画）　山东潍坊杨家埠

的神仙信仰就已产生。身有双翼，可自由飞翔，是仙人的一种特征。但人毕竟飞不起来，便借鸟来飞。而鹤所具有的生物学特征，从与古代神仙信仰相接近的角度而言，远较其他禽类为优。所以，当神仙信仰汇人道教以后，道教完全继承了这些思想文化遗产，也因之与鹤结下深缘。这样一来，凡是道教胜地、宫观建筑、修炼方术、神仙传记、洞天福地等，便多有鹤影鹤姿出现。

与大邑县鹤鸣山相距仅30公里，在东汉时同属江原县管辖的现四川灌县城西南15公里的道教圣地青城山天师洞旁，有一个慰鹤亭。在这座山的天然图画牌坊右侧，有一个驻鹤亭。这两个亭子源于一个传说。相传，唐明皇的爱妃杨玉环幼年客居青城山，爱吃山上的荔枝，入宫后仍念念不忘。唐明皇就将青城山的荔枝定为贡品，命人年年运往长安。青城山人怨声载道。青城山常道观的道士徐佐卿为民请命，化为仙鹤飞往长安面君，劝唐明皇要重民生，轻游乐，免除青城山进贡荔枝之苦役。杨玉环闻之大怒，要斩徐佐卿。徐化鹤而飞，唐明皇张箭射其翅膀。徐回到常道观，将箭拔出插到墙上，吩咐道童：我走后，封闭观门，留给李姓居住。三年后，安禄山造反，唐明皇逃往成都，过青城山至常道观，道童便指箭告其缘由。唐明皇见是御箭，想召见徐佐卿，却无人知其去向。于是唐明皇传旨，在青城山修建慰鹤亭和驻鹤亭。

在北京西便门外不远，有一享誉中外的道观——白云观，是道教全真派第一丛林，是当今中国道教协会所在地，每年五月十九日（传为全真派传人丘处机的生辰）的"燕九节胜会"，这里热闹非凡。昔时，"相传是日真人必来"（《光绪顺天府志·风俗》）。步人山门后，经过装饰一新的白玉桥，沿中路到最北端，有一两层建筑，上为三清阁，下为四御殿。院中有一古树，下置一石，石上镌刻有"驻鹤"二字。相传当年丘处机（1148—1227）以72岁高龄，穿山越岭，到达昆都斯大营（今阿富汗北部）接受成吉思汗召见不久，被封为国师，命掌管天下道教，赐居太极宫（即白云观前身）。当时宫中砖石遍地，一片荒芜。丘处机来后将道袍脱下，置一石上，领弟子清扫。其时，一鹤翔来，恰落此石上，良久不去。众信徒视此为吉兆，对丘更加信仰。此后，果真，皈依者云集。信徒们将此石珍藏，并镌"驻鹤"二字于其上。再往北，进入云集山房，则见回廊亭阁，清幽典雅，宛如一座花园。东西各一亭，东亭上"有鹤"二字高悬，即友鹤亭。绿荫掩映的亭中，塑有双鹤。观中西展厅里，还陈列着紫缎绣鹤天仙戒衣和白缎绣鹤天仙法衣，皆工艺精美至极。

在一些鹤的越冬地和鹤等鸟类迁徙路线中的风景名胜区，也流传着许多鹤的传说和留有鹤的古迹名胜。位于浙江永嘉县境内的楠溪风景名胜区内的水岩村，有一个白鹤洞，传说是白蛇娘子白淑贞向白鹤仙子求仙草救夫的地方。位于浙江缙云县境内的仙都山风景名胜区既是鹤的栖息地，又是道教的第二十九洞天，因此有许多鹤的传说和景点。仙都山的名字就来自鹤的传说。《图经》云：唐天宝年间，忽一日，彩云覆绕山顶，云中仙乐响亮，鸾鹤飞舞，刺史上其事于朝，敕封为仙都，建黄帝祠宇。仙都胜景之一的鼎湖峰，也是因鹤而得名。在浙江莫干山风景区里，则有芦花荡、鹤啄泉等景点。传说春秋时，有位药农叫莫元，一年盛夏在芦花荡里救起一只被恶鹰追逐负伤的仙鹤，后来仙鹤报恩将其带往西天成仙。莫元走后，垂涎这里美景的鲤鱼精乘虚而人，霸占了山泉。莫元知道后，遣鹤下凡，经过三天三夜的斗法，仙鹤终于啄死了鲤鱼精。"芦花荡""鹤啄泉"因此得名。

即使在荒凉的塞外东北，因为有了鹤的繁殖栖息地，也有一些鹤的古迹。辽宁北镇医巫闾山的道观芦花上院有"斗台鹤影"景区，因古时常有丹顶鹤飞转其间而得名。最有说服力的是现在还在叫的源于鹤的地名。如位于三江平原的鹤岗、距佳木斯甚近的鹤立，以及嫩江以北的鹤山，等等

可见，在华夏大地上，有关鹤的名胜古迹不胜枚举。游览那些迷人的胜景，倾听那些优美的传说，感悟古代先贤的遗风，每一个爱鹤的人都会赏心悦目、流连忘返，并且从中陶冶出许多热爱华夏和保护鸟类的情感来。

盘锦仙鹤，我对你说

　　盘锦仙鹤，想必一定是造物主赐予盘锦人这方神奇的土地时，同时派遣了你。地老天荒，物换星移，即使长寿的你们，也不知繁衍了多少代。冬去春来，南迁北徙，你们始终如一地眷恋着这块家园。佑一方平安，保一方吉祥，突然有那么一天，一个荒村驿站，在你们"声闻于天"的祝福声中变成了一座崭新而繁荣的城市。

　　可是，盘锦的仙鹤哟，我很遗憾，我们相识恨晚。直到1982年的夏天，盘锦人才确认了你。因为你们太机警、太高傲，不让人类接近。茫然芦荡，迷蒙沼泽，把我们隔绝得太久太久。当淳朴的盘锦古人在他们那绘有之字花纹的陶碗里装满供品，祈求他们崇拜的仙禽瑞兽等图腾赐福于他们的时候，他们哪里知道，仙鹤早已与他们共存于一方土地。当聪慧的盘锦现代人欣赏那些装镶在镜框中的《松鹤图》时，他们也不曾想到，这仙姿仙态的灵物就栖息在家乡的大芦荡里。

　　盘锦仙鹤哟，我还要对你说声"对不起"，因为我们当中的有些人伤害过你。我不敢设想，当你那一年只产一枚的卵被人盗走时，繁殖率极低的你该有怎样的心痛；当你赖以为生的那片浅湖里的鱼虾被农药毒死后你的生存该是怎样的艰难？盘锦仙鹤，请你原谅吧，那些行为毕竟是出于极少数人的无知和愚昧。我敢断言，每个热爱生活、热爱家乡的盘锦人都会共同去祈祷，愿丹顶鹤永驻盘锦，与盘锦人同生共长，同福共荣。

盘锦仙鹤，我要高声赞美你。你比其他地方的丹顶鹤都美丽且高雅，也比其他地方的丹顶鹤更富有生机与灵气。你们个个翅黑羽白，顶丹砂红；舞之轻灵，鸣之高亢；立如凝雪，翔如白云。盘锦的芦荡因为有了你们而蓬勃兴旺，盘锦人民因为有了你们而荣耀吉祥。

盘锦仙鹤，我还要由衷地感谢你。你是芦荡的精灵，也是盘锦的精灵。你爱这片芦荡，也爱这片土地上的"同乡"。你们代代在这里繁衍，年年在这里生长。你无比眷恋这块土地，即使到了冬天，只要能找到一条小鱼，喝到一滴清水，就不肯飞往他乡；而到了春天，即使还是春寒料峭，便急不可待地飞

房屋滴水上的鹤纹图　元

返回来。你的这份爱心，着实令我们感动。而更令人感动的，是那对人工驯养的丹顶鹤飞去又飞回的故事。不计较人类对它们的冒犯，却无比眷恋这块出生和成长的地方。在随野鹤去陌生的南方过了一个冬天之后，又结伴飞回了日思夜想的故乡。

　　盘锦仙鹤，我对你说，今天的每一个盘锦人都热爱你，都愿意保护你。每一个盘锦人都知道危害你也就是危害我们人类自己。如果你们鹤类失去了翱翔的天空，我们人类又哪里会有立足的土地？

　　盘锦仙鹤，让我们同生共长，永远共享这方空气的清馨，这方土地的神奇。

仙鹤称谓溯源

仙鹤，是丹顶鹤的尊称。芸芸飞禽，为什么只有丹顶鹤被冠之以"仙"呢？丹顶鹤又是什么时候被冠之以"仙"的呢？

原来，这与人类对自然界物种的认识有关，与崇尚长生不老的道教有关。

中国人远古时就有神仙信仰。所谓神仙，依《释名·释老幼篇》的解释为"老而不死曰仙"。这种仙的概念很宽泛，既有自然界的不死草、木，也有人世间的不死国、民。《山海经》中对以上情形有记述，屈原在《楚辞》中也曾描绘过想象中的神仙出游的盛大场面。到了东汉，道教兴起，成仙不死的追求就逐渐成了一种宗教信仰。魏晋时出现了道教代表人物葛洪和他的宣传不死之道教的神仙理论及方术实践的著作《抱朴子·内篇》。

至此，神仙学成立，上自公子王孙，下至黎民百姓，风靡而归者无以计数，神仙的影响深远而广泛。

关于仙人的具体描写，可见诸《庄子》等篇。其中描述了所向往的"神人""至人"，这些超人多身有双翼，能飞翔，类似西方神话传说中的天使。《山海经·海南经》里载："羽民国在其东南，其为人长头身生羽。"郭璞注曰："能飞不能远，卵生，画似仙人也。"道家解释说："人得道，身生毛羽。"这是由鸟类有翼能高飞远翔而引发了人们身生双翼的幻想。"羽民"即是仙人。仙分三等，其中天仙为上，天仙即飞仙，亦即羽人。"一人得道，鸡犬升天"所传的就是西汉淮南王刘安得道，举家升天的事。

但这亦不能让所有人信服，东汉王充就不相信"羽人"的存在。他在《论衡》道虚篇、天形篇中指出："鸟有毛羽能飞，不能升天。人无毛羽何用飞升？"

那么，有没有别的办法，让人能够上天成仙呢？于是有人开始研究乘骑鸟儿上升成仙。美丽高大长寿的丹顶鹤被选中，成为幻想成仙者首选的乘骑之物。为什么鹤会被选中？因为鹤类所具有的生物学特征与古人神仙信仰相接近，无论是外在形象的高大俊逸的审美特征，或是高翔远飞的能力特质，还是吉祥长寿的生命质量，都与古代想象中的高飞凌云、祥瑞长寿的神仙形象相符合，鹤于是被罩上重重的仙气。于是乎，王子乔成仙升天的传说，不再是仙人自生双翼飞升凌云，而是驾鹤飞翔高升了。

驾鹤往来的仙人为古人所崇信。晋干宝所著《搜神记》《汉武帝内经》等书中都有仙人乘鹤飞升的记载。大诗人李白也对神仙道教十分信仰，在多首诗中表达了这种向往。在《天台晓望》诗中他写道："拙妻好乘鸾，娇女爱飞鹤，提携访神仙，从此炼金骨。"鹤的形象还进入了道教音乐中，唐玄宗御制的《霓裳羽衣曲》中就有"翔鸾舞了将支羽，唳鹤曲终长引声"的唱词。后来，在道教的神仙传说中，鹤甚至成了飞仙的

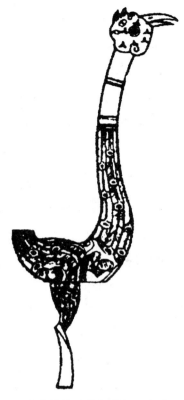

立鹤图纹（青铜器） 战国

化身，让得道成仙的人直接化为鹤形。辽东鹤典故说的就是道人丁令威得道成仙、化鹤返乡的故事。《续仙记》《洞仙传》里也都有道人化鹤的传说记载。

在文字表述上，鹤常常被用"仙"来形容，与仙并用。开始是将"仙"与"禽"等词语连用以指代鹤。东晋鲍照的《舞鹤赋》中有"散幽经以验物，伟胎化之仙禽"句，其中"仙禽"指丹顶鹤。由此开始，"仙禽"主要被用来指代鹤。如五代（周）李昉的"胎化仙禽性本殊，何人携尔到京都"，宋魏野的"早辍仙禽寄逸民，年来亦似厌家贫"。后鹤也被称为"仙羽"，唐钱起有"华亭养仙羽，计日再飞鸣"的诗句。鹤也被称为"仙驭"，即仙人所骑乘之物。唐薛能有"瑞羽奇姿跟跄形，称为仙驭过清冥"诗句。

那么，"仙"与"鹤"在文字中作为一个词语直接连用又是在什么时候呢？这在诗词曲赋中所见不多，笔者仅从唐代诗词中略见一二。如唐宋之间《咏省壁画鹤》诗中的"粉壁图仙鹤，昂藏真气多"句，唐刘禹锡《奉和裴晋公凉风亭睡觉》中的"骊龙睡后珠元在，仙鹤行时步又轻"句，唐曹松《题鹤鸣泉》"仙鹤曾鸣处，泉兼半井苔"，等等。而唐诗人张籍写了很多描写鹤的诗句，却并未见其将"仙"与"鹤"连用，只在"皎皎仙家鹤，远留闲室中"诗句里两字连得最近，中间尚隔了一个"家"字。而以"仙鹤"为诗篇题目的就更是凤毛麟角啦，只见到唐武元衡《仙鹤篇》为题之诗作，其中有"缑山七月虽长去，辽水千年会一归"句。在而后的历代诗词中，将"仙"与"鹤"连用的也是寥寥无几，不知何故。

但道教的宫观建筑却有很多是以鹤命名的。从唐两位诗人李绅的《望鹤林寺》和于皓的《早上凌霄第六峰入紫溪礼白鹤观祠》的诗题上便可看出，在唐代，道观已多以鹤为名，而《重修仙鹤观记》中的记载则证明了唐代道观已有直接以仙鹤命名的："缑氏县前有周灵王太子控鹤升仙之事，故城东三里

对鹤（金片装饰物） 晋

有仙鹤观者，得号于李唐间。"《野处集》记载："宋代松江府治以南二百步有观曰仙鹤，为一郡道家之总会。其始建岁月盖不可考。迹其可知者，宋绍兴年间……始克充广之……始从仙鹤称。"清乾隆十七年所修《大邑县志》载道，鹤鸣山"其起伏轩翥，状类仙鹤，故名"。

可见，作为道教宫观建筑之名"仙鹤"连用久矣，起码可上溯自唐代，以至宋代、清代。而到了当代，仙鹤便被广泛地用来代指丹顶鹤。"仙鹤"称谓的流行，定是与道观以"仙鹤"名之有关，而与诗词文章中的运用关系却不大。因为信徒到道观朝拜者众，影响广大；而读诗写词、咬文嚼字者寡，影响甚微。

辽东鹤，盘锦鹤

　　辽东鹤，是众多关于鹤的典故中较为著名的一则，从它被晋陶渊明写进《搜神后纪》算起，距今已有2000年了。而盘锦鹤，则是在1982年经专家实地考察确认盘锦是丹顶鹤的栖息繁殖地后，由盘锦人自家命名的。表面看来，二者没有什么联系，但溯本求源，从历史和地理来考评，由文人诗词笔墨来佐证，却可以得出这样的结论：辽东鹤即盘锦鹤，盘锦鹤是辽东鹤的延续。

　　先看辽东鹤传说的本身：辽东人丁令威学道于灵墟山，后化鹤归辽，集于城门华表柱。有少年举弓欲射之，乃飞起，徘徊空中，而言曰："有鸟有鸟丁令威，去家千年今始归，城郭如是人民非，何不学仙冢累累？"言毕，冲天而去。从典故中我们可以得出如下结论：其一，丁令威是辽东人，得道成仙后化鹤而归，此鹤被称为辽东鹤，或辽城鹤。北周庾信《鹤赞》诗中说鹤"南游湘水，东人辽城"；唐白居易《池鹤二首》诗中有"池中此鹤鹤中稀，恐是辽东老令威"；唐王维《送张道士归山》诗中有"当作辽城鹤，仙歌使尔闻"；唐李贺《嘲雪》诗中有"久别辽东鹤，毛衣应如此"。这些名家名作，使

化鹤成仙的辽东人丁令威　明刊本

辽东鹤逐渐被叫响。其二，丁令威由人化鹤在哪完成的，不得
而知，但不应排斥在辽东家乡变化而成。看唐诗人李白《题许
宣平庵壁》中的"应化辽天鹤，归当千余岁"的诗句，就很难
界定化鹤的地点。其三，鹤出现在辽东，应该基于辽东有鹤的
事实。如其他一些鹤的典故传说，也都产生在鹤每年都出现的
越冬地，如湖北武昌的黄鹤楼。一些鹤的文物古迹也都是出现
在自古有鹤的地方，如长江下游的江苏、浙江一带就有徐州的
云龙山放鹤亭，扬州平心堂的鹤冢及镇江焦山的瘗鹤铭和杭州

西湖孤山的放鹤亭，等等。由此可推断，辽东之所以有鹤的传说，肯定是因为有鹤的频繁出现。其四，传说中说丁令威"化鹤归辽"，而后来已演化成丁令威与辽东鹤互为替代，因而，说丁令威归乡也就是辽东鹤归家。由此可定，辽东是鹤的家乡。这正和了盘锦鹤作为候鸟的特点，盘锦芦荡湿地是盘锦鹤的故乡家园．从早春至深秋，在长达九个月的时间里，盘锦鹤在这片世界独一无二的芦苇湿地里生卵孵雏，最后到了天寒地冻无食无水之时，才不情愿地飞往南方越冬，勉强挨过一个冬季，便迫不及待地飞回盘锦来。古诗词大量地运用了"归"这个词，从而让人确信辽东是辽东鹤的故乡。如，李白在《姑苏十咏·灵墟山》诗中有"不知曾化鹤，辽海归几度"句；唐温庭筠在《秘书省贺监知章题诗》中有"出笼鸾鹤归辽海，落笔龙蛇满环墙"句，宋陆游在《贫歌》诗中有"犹胜辽东丁，化鹤归辽东"句。

然后，我们再来探讨一下，古辽东和新盘锦的关系。辽东，是辽东郡的简称，郡府在辽阳，故城在今辽阳市北。辽阳古称襄平，亦称辽东城，辽城。关于辽东郡，《汉书》记载是：秦置，属幽州。五万五千户，二十七万人口。现在看它的幅员，应是东南界自平壤以西，包括丹东，东北界至沈阳、铁岭、抚顺；西北界白阜新以东；西南以锦县大凌河为界，锦州市区及以西不包括在内；南限由西往东依次是盘锦、营口、大连、丹东等沿海城市；盘锦城乡都在辽东郡内。可见，辽东郡范围很局限，只是现辽宁省的东半部。而在古辽东郡的范围内，乃至在现辽宁省的幅员里，只有盘锦一处是鹤的繁殖栖息地，盘锦是中国最南限的丹顶鹤繁殖地。

流经辽东郡中部由北至南人渤海的主要河流是辽河古称辽水，亦称大辽水。辽河在盘锦境内人渤海，海河交汇处河口两岸的芦荡沼泽湿地和诸多的河沟滩涂是丹顶鹤、白鹤、大雁、野鸭、鸥等二百多种珍稀水禽的栖息地。古诗词在引用辽东鹤时，就用了很多"辽水""辽天"的词汇。如唐王勃《秋晚人洛于华公室》中有"下走辽川鹤去，谢城阙而依然"句；李白《至陵阳山登天柱石》中有"海鹤一笑之，思归向辽东"句；唐武元衡《仙鹤篇》中有"缑山七日虽长去，辽水千年会一归"句。可见，盘锦的地貌正是辽水、辽天最为典型的代表。盘锦海岸的沼泽地与辽阳甚近，垂直距离只有几十公里，可以说是一衣带水，抬眼可望"晴空嗥鹤几千只"（唐张九龄诗句）。这样就很难分清，鹤是飞自于辽阳，还是飞自于辽阳以南的渤海边，也许二者即是一体。因为辽阳是辽东郡府，而古盘锦地域正在辽东郡内，那么，辽东是最具代表性的称谓，把在辽东幅员内活动的鹤叫做辽东鹤是最恰当不过的了。其实，在古代诗词里，文人们很早就已用现盘锦的地貌来代替辽阳以辽阳来泛指边关要塞了。如"院宇秋明日月长，社前一雁到辽阳"，"无心避患衔芦荻，肯恋余生逐稻粱。闻道边庭尚征戍，孤鸣幸勿到辽阳"等。这些诗句可以证明，辽阳是东北的边防要地，也是生长于芦苇之中的雁鹤类水禽的栖息地。而在辽阳郡所辖的辽东境内，只有盘锦同时具备了上述两个地貌特征。当然，在辽东的北面，松辽平原的北端的黑龙江扎龙和吉林的向海也是鹤的繁殖地，但此二地与辽东城都相距甚远，距离超过了辽东城至盘锦湿地的十几倍，况且那两处繁殖地都在东北腹地，离海甚远，那两处地域与辽水、辽天的描述根本不沾边。

可见，在引用辽东鹤典故的诗词中，关于"辽水"的描述，对我们佐证辽东鹤即是盘锦鹤最为有力。这可以归结为：第一，诗词之描述和盘锦的地理环境相吻合。第二，和《汉书》中"大辽水出塞外，南至安市入海"的记载相一致。所谓安市，处于今海城和大石桥之间，在辽水东侧，更为接近辽河口渤海边。第三，和丹顶鹤的生长环境吻合，鹤是大型涉禽水禽，以小鱼小虾为食，多生长在平原水际沼泽湿地。可见，创造辽东鹤典故的文人们是把辽东鹤的传说与辽东的地理特点融会贯通了的。

最后，我们可以得出这样的结论：辽东鹤即盘锦鹤。古时的辽东鹤与现在的盘锦鹤是同一产地，即海河交汇处的辽东湾双台子河（辽河流经盘锦段之称谓）口湿地，亦即现在的双台子河口国家级自然保护区。盘锦鹤是辽东鹤种群的延续，盘锦鹤是辽东鹤的子孙。沧海桑田，斗转星移，年年岁岁的芦苇和生存在其中的鹤是相似的；世事变幻，人生易老，岁岁年年来描绘这些生物的人却不同了；地老天荒，万物相融，人与鹤共存共荣的天然联系永远不会变。

我们应该珍惜这些盘锦鹤。用我们的努力，使这些生活在这块土地上的辽东鹤的后代安全地繁衍生息下去。相信在盘锦鹤种群不断扩大的同时，辽东鹤的传说也定会流传得更广泛，更久远。

鹤在民间工艺中

　　丹顶鹤的造型艺术，除了在绘画中多有表现外，较早还用于铜铸、雕刻、陶瓷、漆器、印染、织绣等民间工艺中。

　　中国的铜铸冶炼技术，早在殷商时代就很发达，青铜器

错金银狩猎纹铜车饰展开图　西汉

中有礼器、兵器、日用工具等。于1923年出土于河南新郑县李家楼的"莲鹤方壶"，是春秋早期的作品。此物应是礼器的一种。是巨大的青铜盛酒器。现存两件，一件藏故宫博物院，一件藏河南省博物馆。其造型生动活泼，从传统的创作技法中脱颖而出。壶盖周围制出莲瓣二层，花纹精致，具有很强的概括性。一只真实自然、清新俊逸的鹤，立于莲花中央。它独立一足，引吭高歌，展翅欲飞，充满了生机和活力。郭沫若在《殷周青铜器铭文研究》一文中曾赞美它："此正春秋初年由殷周半神话时代脱出时，一切社会情形及精神文化之如实表现。"

另一铜铸工艺品是出土于湖北隋县擂鼓墩的"鹿角立鹤"，是战国早期的作品。鹤昂首弓背垂尾，作展翅状。腿粗壮有力，立于方形底座上。头两侧插铜铸鹿角。作品让鹿的长颈和鹤的长足共用，又让鹤身和鹿首共用，再让鹿角和鹤翅共用，整个造型浑然天成，既挺拔向上，又俊逸脱俗。春秋时期还有青铜立鹤工艺品，一只鹤站立在青铜器顶端，昂首张翅。秦代铜铸的鹤也比较广泛。2003年在秦始皇陵园考古的重大发现中，7号陪葬坑出土了27件青铜水禽等罕见文物。青铜水禽主要是青铜天鹅、青铜鸿雁和青铜仙鹤。青铜仙鹤俯首啄着一条青铜虫，表现的是仙鹤从水中取食的瞬间形态。此前在这个陪葬坑里还出土了13件原大青铜水禽，其中5件是青铜仙鹤。这些仙鹤都被塑有长长的腿和长长的颈，俊逸之躯俯向水面。

西汉错金银狩猎纹铜车饰展开图上也刻有翔鹤纹。表明鹤在当时显而易见。古代青铜镜也是精美的工艺品，如常德三闾港出土的唐代鹤鸟纹镜镜背面主区系钮为龟形，周围有四只形态各异的鹤，表达的是崇寿之意。唐代铜镜还有"双鹤四鹭衔

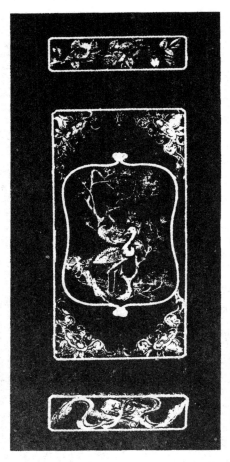

住户门板上的鹤形象　云南大理

绶八瓣菱花镜"和"松鹤延年镜"。前者双鹤四鹭环绕飞舞，间以花朵；后者三鹤一飞在上，二立在下，中为蓬勃的松枝。

丹顶鹤最初是以宠物被圈养在皇室宫苑里的。从明代开始，将朝廷命官服装的前胸和后背缀有补子，作为官员品级的征识。文官有九品，一品的补子绣丹顶鹤。一品文官的职位相对于宰相，系朝廷的栋梁，位高权重，丹顶鹤自然成了地位与权力的象征。补子为方形，长宽各约30厘米，图案主纹为一仙鹤，一足收入腹下，一足独立于山石之上，上方为红日与云彩，下方是海涛，周围绣有艳丽的花边。整个图案给人以富丽堂皇、亮丽夺目的感觉。清代沿袭了这一制度，这奠定了丹顶鹤在朝廷中仅次于龙（皇帝）、凤（皇后）的崇高地位。

基于皇室对丹顶鹤的抬爱与尊崇，北京故宫里许多建筑都有鹤题材的装饰，多为各种鹤的造型和图案。北京北海公园永

仙鹤

安寺前的一对鹤鼎，北京故宫石阶旁的石雕，花园里影壁上的图绘，都是精美的鹤工艺作品。尤其以屋梁上的彩绘居多，如北京北海公园廊道天花板上就绘有众多的丹顶鹤展翅图案。而铜鹤在皇宫地位最高，离皇帝最近。太和殿广场两侧各站立一只抬头挺胸、气宇轩昂的铜鹤；在大殿内金銮殿的旁边、皇帝座椅两旁也各放置一铜鹤，护卫着最高统治者；甚至皇帝寝宫的饰物也有铜制的丹顶鹤。可见鹤在皇家被尊崇的程度。

对于仙鹤这个艺术形象，无论皇室，还是民间，审美取向基本是趋向一致的。在这一点上，鹤与龙有所不同，鹤的形象不仅在朝廷中有至尊至贵的地位，在民间，其影响也呈辐射性展开。不过，民间对于鹤的艺术形象的理解，也还出现了一些与朝廷不同的流派，具有较高的思想艺术价值。这是因为吉祥观念首先在民间形成，而长寿观念在民间吉祥观念中又占有很重要的位置，深受喜爱的长寿化身鹤便被作为主要的祥禽瑞兽备受推崇。所以，鹤的形象在民间艺术中应用得非常广泛。

利用鹤形象作为一种装饰构件以美化建筑物，以增添它的绚丽与光彩。鹤形象首先见于汉瓦当。许多出土的汉瓦当都有鹤纹图样。有行走的鹤，有站立的鹤，有飞翔的鹤，有相互嬉戏的鹤，所刻线条简洁流畅。现存陕西历史博物馆的一件汉瓦当中，内圆里是两只鹤，一鹤投足前进，一鹤双足斜向并立，比较生动。其次，鹤形象在由汉代开始出现的画像石、画像砖中有大量的出现。如东汉后期画像砖《甲第》（藏于陕西历史博物馆），楼下立一门吏，右边高大阙楼上，有姿态各异的仙鹤，内有二人对饮。魏晋南北朝的画像砖中有相向翻飞的双鹤图纹。

建筑物对鹤的这种喜爱之风，历朝历代相承相袭。用于建筑物装饰的鹤纹至宋代以后色彩更为丰富，线条更流畅自然。现在可见到元代滴水石上的鹤纹，辽代建筑上的鹤纹。明清以降，传统的建筑雕刻在建筑中比比皆是，上到皇家宫殿、陵墓，下到百姓住宅，到处都有鹤的形象。明代建筑雕刻愈加普遍，到了清代，还出现了丝丝石雕刻，因此，明清鹤的造型就更为别致。石雕多为伸展双翅的团鹤形象；有的鹤头向上，双翅抱拥绚烂云卷；有的鹤首下俯，口衔蟠桃。

建筑雕刻常见的是砖雕、木雕和石雕，即所谓"三雕"。砖、木、石三雕，作为传统文化积淀的建筑装饰，已成为一个独特的艺术门类，是民间美术和建筑装饰艺术的有机结合。"三雕"中的鹤，一般是与梅兰竹菊"四君子"为伍。"三雕"的手法比较多，主要有高浮雕、浅浮雕和线雕等。

砖雕，是以砖块雕镂或模型烧制而成，常见于脊砖、檐下带座的樨头、巷道、围墙、影壁、望兽和房顶屋檐上的瓦当。图案不同，意义不同，它们像舞台服装上的镶边似的，在比较衬托中使整体建筑增加了一定的美感。一幅传世的名为《鹿鹤同春》的大型砖雕，分别镶嵌在凝瑞居的大门两侧，构思精巧。运用的是高浮雕手法，画面上鹿跃松林，鹤唳寿石；鹿回头，鹤昂首。一呼一应，和谐对称。鹿鹤与"六合"谐音，意为天地上下，春光共浴。在寓意上，古人今人，人同此心，都是希望国泰民安。

木雕一般多用于门楣隔断。云南丽江民居厅门上的木雕甚为普遍，雕有各种鹤造型，以象征祥瑞、幸福等吉庆情形。清代木雕《竹枝福字》以盘曲的竹枝形雕出福字，在福字的各个

甲第（画像砖）东汉

部位，雕有六只形态各异的鹤。湖南浏阳市文庙有一幅传世的门心木雕《松鹤延年》，双鹤站立在松干上，健硕有力。云南大理一住户门板上的鹤纹雕刻得十分细腻，双鹤站立在枝繁叶茂的松干上；云南丽江木府门上的四幅隔扇鹤雕屏风，每幅都刻有双鹤立于松树间的图纹。

石雕多在门枕石和墙围等浮雕中展现。

民间"三雕"中蕴藏着许多精品。在已经批准为世界文化遗产的明清民居安徽西递、宏村里，在兴建于清末民初的山西富贾大院里，到处可见鹤形象的精美雕刻。

被誉为"华夏民居第一宅"和"山西紫禁城"的王家大院，其庞大的建筑群中，蕴藏着大量卓尔不群、璀璨夺目的"三雕"艺术精品。王家大院的"三雕"内涵丰富，实用而又美观，兼容南北情调，具有极高的文化品位，的确是我国难得的传统民居建筑艺术。王家大院"三雕"中有巨制，有小品，题材丰富，形式多样，将中华民俗文化与儒佛道思想融为一体，自然而然地成了传承我国古老文明的一种载体。如王家大院清代门枕石浮雕《鹤》（六合同春）和《松鹤延年》、建筑砖雕《松鹤延年》和《松鹤》及现代建筑砖雕照壁《鹤衔灵芝》《六合同春》都是以鹤为题材的砖石雕刻精品，素材多取用松、梅、鹤、灵芝等吉祥物。但是，无论是松，还是梅出场，都不能离开鹤这个主角，站立在松上梅下的鹤形象都栩栩如生。

属于民间工艺雕刻的还有玉雕、竹雕和皮雕。玉雕如北京市房山县出土的北宋《玉双鹤衔草》饰件。一对鹤呈对称形作比翼齐飞状。喙尖相对，共衔卷草，两腿合并交叉在一起。竹雕多见于笔筒上的松鹤雕刻，如产于明代的松鹤笔筒，松畔立双鹤，隔枝相对，甚为精美。

松鹤延年（石雕）　清

皮雕主要指驴皮影的道具制作。皮影戏属于中国古老傀儡戏剧种，它的产生，可追溯到西汉时期。皮影雕刻的工艺水平流传久远，技艺要求十分严格，在几千年的发展中形成了广泛的影响。清乾隆年间，德国大诗人歌德曾于威兰博览会上介绍过中国传统艺术戏种。皮影戏流派纷呈，主要有"四川皮影""北京皮影""山西纸窗皮影"等。鹤的形象俏丽，适宜剪影雕刻，常常在皮影戏中出现。如皮影戏《五堂福》中所用的《群鹤祝寿》，仙姑骑仙鹤，手持莲花，身背琴、棋等礼物前来祝寿。而东北也有过驴皮影演出的记载。始于山东登州的"驴皮影"世家贾家，很早就活跃在丹顶鹤栖息地齐齐哈尔附近，在这片黑土地上，满族、蒙族、达斡尔族、鄂温克族、柯尔克孜族、朝鲜族等多个民族共同享有驴皮影民间艺术。丹顶鹤无疑在它的主要栖息繁殖地——东北的皮影戏中成了主角。

在服装刺绣、布匹蜡染等针织品图案和陶瓷制品上，在建筑雕刻里，在根雕、铜塑工艺方面，在剪纸、皮影等民间工艺中，鹤题材多被用来表达长寿祥和之寓意。在织绣印染品的构图中，鹤的造型频频出现，形象均十分生动。从古至今，鹤的形象在湘绣、苏绣等刺绣图案中屡见不鲜。如，元代的《缂丝八仙拱手寿图卷》，南极仙翁驾丹顶鹤自天降临，八仙拱手以迎。明代《纱绣伦叙图》中以凤凰、仙鹤、鸳鸯等为主体，象征传统伦理中的父子、兄弟、夫妇与朋友的关系。再如清代的玄青地、彩绣团鹤之女衣料，图案为团鹤、海水与牡丹。此外，道士的袍服、戏服中如诸葛亮的衣袍等都绣有鹤的图案。镇江明代刺绣《鹤衔灵芝》，鹤一足独立，双翅展开，口衔灵芝，站立在寿石上，周围有玲珑剔透的五彩祥云。苏州清代刺绣《一品当朝》，为团鹤造型，圆的上侧为展翅之仙鹤，下侧为海水红日。河南现代刺绣《鹤衔瑞草》，一鹤为回首姿，作口衔灵芝状。山东现代制作的刺绣枕花《鹿鹤同春》，如同剪纸之阴刻，方形构图，中间是横斜的桐树，左上角一飞鹤，右下角一奔鹿。河北承德避暑山庄里有一清代制作的红尼毯，各种姿态的飞鹤遍布毯面，中间是线状的云彩花纹。

目前可见到的最早的有鹤形象的丝绸制品为长沙马王堆汉墓出土的汉双鹤菱格纹锦。元代棕色罗刺绣花鸟纹夹衫中也有双鹤图纹（藏内蒙古博物馆）；此外，明代有云鹤妆花纱（藏故宫博物院），清代有鹿鹤同春妆花缎（藏故宫博物院），等等。当代织锦寿字多为圆形，鹤为团鹤，寿字也为团形，像几何图形一般交叉排列，循环往复。

鹤形象常常出现在民间印染的布匹中，湖南常德市、凤凰县的印染被面、方巾多用《鹿鹤同春》《松鹤同春》的题材，一般为一幅完整的松鹤图案，多为双鹤在中，周围松树或牡丹图纹环绕。而江苏南通多用松鹤作为蓝印花布的题材，一般为蓝地白纹，各种姿态的鹤翅膀展开张扬，雪白的羽毛片片，栩栩如生。

陶瓷工艺中也常见鹤的造型。如，元代龙泉窑青釉露胎贴花云鹤纹盘，翠绿的底色上两朵白云伴两只飞翔的白鹤，简洁清亮。清代乾隆年间烧制的《锦地开光花鸟图蟠耳瓶》中的花与鹤是用来表达富贵长寿之意。雍正年间烧制的《花鸟图碗》以两只散在之鹤来表达其闲放之逸情。

漆器器皿中鹤的形象更为多见。中国的漆器在公元前3300年的良渚文化时期就有了。汉代已很流行。以后历代的漆器制作愈加精美。如，出土于湖北省江陵县凤凰山168号汉墓的现存苏州博物馆的《彩绘鹤纹漆匜》，底正中绘四朵云彩，器外围绘四只衔草回首的鹤，器口绘点状卷云纹。明嘉靖年间制作的《松鹤纹斑纹地雕填漆盘》，盘心有松树山石，三只鹤立于树上，姿态各异，天空一鹤作欲下落状，边缘还有其他松鹤与之呼应。

　　年画是中国民间美术中较大的一个艺术门类，也是典型的民间工艺，具有点缀新年的欢乐气氛，驱赶邪恶，迎接吉兆的意义，还有教化人伦的功能。年画是普及面广、影响大的节庆大制作。作者为社会工匠，它的主要销售对象是广大农民。年画在悠久的历史发展进程中成为普通民众喜闻乐见的艺术形式。木版年画成熟于宋金，至明清进入巅峰时期。天津杨柳青、山东潍坊杨家埠、江苏苏州桃花坞年画均在明代开始兴起。至清代，以上三者加上广东佛山，便成为"中国四大木版

鹤纹图（蓝印花被面）

年画"产地。晚清以来，民间年画出现了萧条。但是，几大流派早已形成的各自体系依然存在。

年画多以祝福庆寿的喜庆内容为主题。因而丹顶鹤的形象便频频入画。例如，天津杨柳青年画《多福多寿多子图》是一幅福禄全寿图，其中仙鹤的图形超逸生动，深受广大人民群众的喜爱。天津杨柳青的著名传世年画还有《麻姑献瑞图》《福寿三多》等，其中都有丹顶鹤的形象。在杨家埠的年画代表作品《蟠桃会》中，王母娘娘端坐在正中的楼阁中，前面有鹤鹿相伴。在桃花坞年画的清代作品《众仙捧寿》中，主体造型一个大大的楷书寿字里，绘有仙鹤、八仙、鹿、松、祥云等吉祥物。南方年画著名产地有福建的泉州和潮州。泉州的传世年画《龟鹤鹿》造型精致，中间龟头高昂，背驮着太极图，左右为鹤鹿的头部，均神采奕奕。潮州的清代作品《八仙上寿》表现手法独特，一个四圈螺旋圆里，布满了象征长寿的祥禽瑞兽。而独有仙鹤出现两次，属于被强调的对象。又如清代《汾阳宫》年画，以各种生物和美景来表示吉祥喜庆的内容。画为一长幅横披，图中郭汾阳夫妇坐于台上，左边松下丹顶鹤表寿，右边松下鹿表福，阶下文武财神象征财富。图中间绘一孩童卧于芭蕉叶上，头枕佛手果，左手抓一只蝙蝠，右手抱一个大仙桃，脚旁放一个石榴，右上角一只丹顶鹤飞来祝贺。年画《南极仙翁图》中除小童献寿桃外，还绘有苍松、坚石、蝙蝠、鹿和仙鹤等。木版画《鹿鹤同春》布图饱满，双鹿在右，双鹤在左，中间为一株高大的梅树，空间皆由灵芝填充。这些年画均是以多种生物的汇集来表达幸福长寿之意。

民间工艺最能表达历朝历代最基层百姓追求吉祥的愿望，

是中华传统文化的集中体现，因此，公认的吉祥物——鹤便很自然地被选中，人青铜器，入"三雕"，入帛锦，人年画，等等。鹤的形象在民间工艺中频频被表现，被强调，流光溢彩，深人人心。在对民间工艺历史长卷的浏览中，我们定会进一步加强对鹤这种不同寻常生物的认同，加深对博大精深鹤文化的理解。

辽天鹤翔

　　我们脚下这片土地，被以"辽"名之想必已经十分久远了。"辽东"一词见诸文字是春秋时期，《管子》一书记载，齐国名将管仲向齐桓公进策说："齐有渠展之盐，燕有辽东之煮。"自此之后300年，即公元前3至4世纪的战国时期，辖属它的燕国便开始以"辽东"名郡了。秦始皇统一中国后，将天下分封为36郡，因袭周制，仍设"辽东"郡，至此，"辽"这个称谓便确定下来了。但是，在那时，辽这个地方并不被多少天下人知晓，因为燕国时就已经修筑的，并在秦汉时期加阔的北方长城对辽的影响是一个相当大的阻隔，而且，只有几万人口的辽地可谓地广人稀，辽人自身的对外交流也是微乎其微的。直到晋代，辽才有了较大的知名度，在我看来，那是因为一只鹤的缘故。

　　这只鹤是一个叫丁令威的辽人化成的，它诞生于一则关于鹤的典故。这个典故在民间是什么时候出现的，我无从知晓，但我知道，它是被晋代创造了"世外桃源"理想的大文学家陶渊明收进了他的一本叫做《搜神后记》的集子中的。这则典故即使从它见诸文字典籍的时间开始算起，也已有两千多年的历史了。典故的大意是：丁令威本是辽东人，学道于灵虚山，后化鹤归辽，落在城门华表柱上，有个不懂事的少年，举起弹弓要射他。鹤便起飞，他对故乡的眷恋之情受到了直接的打击，便在空中徘徊着说，"有鸟有鸟丁令威，去家千年今始归，城郭如故人民非……"无限的感慨抒发完之后，便冲天高飞而去。从此，丁令威便成了辽鹤的代名词，辽也因这只成了仙的鹤而名扬天下、、

说辽因鹤而名，一方面因为辽东有鹤类生存，所以才安排丁令威化作鹤，而不是别的什么鸟，使典故的出现有现实的基础。辽是鹤的产地。但辽地是什么时候有鹤的呢？鹤是比人类在地球上早出现6000万年的古老物种，原始鹤类出现在气候温暖的新生代第三纪始新世。在距今200万年前的第四纪，由于世界性冰川的发生，鹤类为了适应新的气候环境，逐步演变成了迁飞的候鸟。是否在那个时候鹤迁飞到了辽地呢？看来十分可能。鹤是被逼无奈才逐步走向寒冷地带的，而辽地目前是鹤类繁殖地中纬度最低的。可以断想，现在在辽以北地区繁殖的鹤类早先应该是在辽地生存的，辽地应该一直有鹤在此栖息。北周庾信在他的诗中赞美仙鹤是"南游湘水，北人辽城"，也说明古人对于辽地出产鹤是有印象的。而丁令威化鹤以后用的是"归"辽，说明辽东是他的故乡。可以说在晋代出现典故以前，人们就已经知道鹤的活动范围很广，也朦胧地得知了鹤的繁殖地在辽东一带，所以才能创造出辽鹤的典故。

说辽因鹤而名，另一方面是因为这则传说在典籍中出现得较早。尤其是早在了诗词鼎盛的唐宋之前，唐诗宋词对此典故的大量引用，使辽鹤的传说插上了诗词的翅膀得以扩散飞扬。

仙鹤

双鹤纹样　辽

正是自唐朝始，辽鹤之典广为骚人墨客所引用，"丁鹤""辽鹤"随带出"辽天""辽水""辽海""辽东"诸词。一些大诗人纷纷引用此典，更使"辽"的印象深入人心。宋陆游是引用此典最多的了，在他的诗词中出现此典故频次不下几十回。如"辽天华表苍茫里，千载何人识令威"，"老翁正似辽天鹤，更觉人间岁月长"等。唐李白引用此典的诗句也有十多处，如"应化辽天鹤，归当千余岁"，"不知曾化鹤，辽海归几度"等。连不甚擅长诗文的唐武三思都有引用此典的诗句，"缑山七月虽长去，辽水千年会忆归"。

文人们用辽鹤之典来抒发各式情怀，有羡慕的，有伤感的，有豪迈的，有感慨的。综合起来看，表达最多的还是人生易老天难老的无奈。如唐杜牧的"千年鹤归犹有恨，一年人往岂无情"，唐皮日休"辽东旧事今千古，却向人间葬令威"，唐刘禹锡的"凤从池上游沧海，鹤到辽东识旧巢"，唐赵长卿的"恍如辽鹤归华表，阅尽人间巧"，金元好问的"辽海故家人几在，华亭清冷世空怜"，无一不是对时光易逝，物是人非的感叹。

在骚人墨客借鹤而抒发百转柔肠的同时，辽的影响日益增大。

实际上，我们应该感谢造物主，赐与辽域广袤的土地，却不安排太多的人口，使辽地广人稀，适于生存，才引得鹤来辽地栖息。据《汉书》记载：辽东郡的户数在汉代只有5万多，人口不足30万，还不及现在一个小县的人口，但却辖属18个县。可见，当时一个县不过1万多人口。我们还应该感谢祖先，他们以自身的模范行为，保护好生态环境，才使鹤们始终不离不弃这块土地。因为鹤是极具灵性的鸟类，它们的生境要求很高：既要广阔，又要清洁。凡是环境受到污染，或周边有人为的干扰嘈杂，鹤就会离开。这种对生存环境的敏感性，是鹤较为显著的特征。鹤的聚散可以说是环境的晴雨表。像凤凰非梧桐不栖一样，如果没有适宜它的湿地，鹤也是不会来此栖息的。我们还应该感谢我们的先人创造了那么多的神话和典故，使华夏子孙很早就有了对鹤的图腾崇拜，视其为神，冠之以仙，以至于将"焚琴煮鹤"约定为是伤风败俗、大煞风景的行为。这样的定位，对鹤的保护是有益的。对丁鹤归辽典故中少年射鹤的行为，很显然古人是持一种否定的态度的，典故巧妙地用"少不更事"解决了问题。

我们还应该感谢鹤，因为有了它们，辽地才很早就名声远扬。而且，鹤还是著名的文化鸟类，以它在人类社会中的特殊地位备受欢迎和喜爱而影响日益广泛。在中国人的吉祥观念里，鹤是美好的天使：吉祥、美满、长寿、祥瑞，以及另一种

云鹤纹图

类型的幸福——清闲、超逸、放达，等等。有鹤的地方，让人喜欢，让人钦佩，让人向往。从这个意义上说，吉祥而神奇的辽鹤又为辽地吸引了人类无以计数的双眸。

现在的辽地上仍有世界15种鹤类中的6种在此栖息繁殖和迁徙间歇。然而，它们的身边潜伏日益增多的危机：修路开荒，生境破碎化；投药捕杀，无法识别躲藏；食物污染，吃喝成为问题。鹤们再也没有了唐张九龄所描述的"岂烦仙子驭，何畏野人机"的自在逍遥，我们也没有机会再看到宋梅尧臣所描绘的"晴空翱鹤几千只"的壮观景象。那些不敢落脚、迷失了家园的鹤们也许永远也弄不明白：天还是那么高，地还是那么广，是谁改变了这一切？

我们呼唤人类的良知，我们呼唤辽人的记忆：别忘了，如今辽名扬四海，也有那只名曰丁令威的老乡鹤的功劳。我们可要对得起那些无比眷恋家乡的辽鹤，不能让它们再次飞回时连城门都找不到啊！我们辽人都应该努力，保护好辽天辽水，让辽鹤的子子孙孙永远在这片天地间翱翔。试问当代的辽人，如果连鹤这样祥瑞美丽的生灵我们都不能保护好，那么，我们留给自己子孙后代的将会是怎样的一个未来呢？

第五章

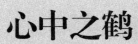

心中之鹤

因为那片芦荡

　　我的处女作散文《（松鹤图）遐思》是在1988年7月写就的，当时我已三十多岁。为什么这么晚才动笔写作？这和我前一段的经历有关。已经在教师岗位上工作六年的我赶上恢复高考去读大学，毕业时已近而立之年。毕业不到两年，改做行政工作。孩子小，工作累，家务重，在不同的时间和空间中疲于奔命，这样的状态持续了五六年之久。

　　等到在行政工作岗位上驾轻就熟一些，稍轻松一点，我那中文专业的潜意识悄然觉醒。那潜藏在心底的个人爱好从工作的罅隙中溜了出来，我抽暇拿起了笔。

　　写什么呢？不能凭空想象，也不能无病呻吟。我的脑海中扇动起了鹤的翅膀，涌动起了苇海的波澜。我的家乡在1985年的全省鸟类普查中被确定为丹顶鹤的繁殖地，鹤和二百多种鸟类栖息其中的百万亩芦荡被确定为自然保护区，先是省级的，很快又升为国家级的。

　　那是一片世界上最大的成片相连的芦荡。沿着辽河入渤海口的两侧铺展开来。那片芦荡具有顽强的生命力：从远古绵延而来，代代相传，生生不息；在淡水里能生，在咸水里也能长。芦荡永远是道美丽的风景线：春天尖尖芦芽破土而出，夏天绿苇繁荣生长，秋天芦花随风摇曳，冬天笔直芦秆灿灿金黄。芦荡是财富之源：具有湿地功能，涵养旱涝，净化空气，是天然生物标本库；具有经济效益，一岁一枯荣的芦苇是上好的造纸原料，一亩芦苇的收入与一亩水稻田的收入相当；具有旅游功能，独特的芦荡风光，吸引了四面八方的游人。芦荡更是鹤等鸟类的天堂：鸥来了，鹤来了，天鹅也来了，大雁野鸭都来了；芦荡是鸟儿们的保护神，成千上万密密匝匝的芦苇用如同臂膀的枝叶编织出一张弥天大网，无私地庇护和养育着各种水鸟。

但是，中国传统文化给予芦苇的寓意却是卑微的。芦苇很少与寓意吉祥长寿的鹤一同入诗入画，而多是让鹤与寓意长寿的松在一起，从古到今流传下来的无数松鹤图执著地承袭着这样的思想。

我不禁为芦苇抱起不平来，一挥而就了《（松鹤图）遐思》一文，以此为芦苇伸张正义。我知道鹤是沼泽湿地之神，从来也不生活在树上。我在文中道破了松鹤不能同处的真相，盼望有人能够早日画出一幅苇鹤图来，展示芦荡对于鹤的不可替代的作用。1988年9月，此文在《盘锦日报》上发表，得到好评，连市委书记都问秘书，此作者是咱们的市长助理王秀杰吗？

这无疑是对我的鼓励，而后的业余写作就一发而不可收。后来的创作大多由苇鹤生发开来，以苇鹤为题材，以保护苇鹤为主题。纯一目的的写作，使我自然而然地成长为一个环境保护主义者。记得当时环保局长曾经半开玩笑地对我说，我们得给你发稿费了，你总是在替我们做宣传，号召家乡人保护环境啊!

1995年,为了纪念参加世界妇女代表大会,我结集出版了第一本散文集《鹤羽芦花》,30篇文章其中有一半是写苇、写鹤的。如《野鹤归来》《鹤乡秋,芦花秋》《芦苇诗情》等。1999年我出版了第二本散文集《生命与自然》,2001年,出版了第三本散文集《中华鹤迹》,2005年出版了第四本散文集《与鸟同翔》。从散文集的书名上就可看出,这几本集子的主题词都是关涉自然生态和环境保护的,其中的一些篇目参加征文比赛还获得了奖项。如《芦荡四季》《中华鹤迹》等;

这种对自然生态环境的关注不可遏止,甚至越来越强烈,以至于充斥于第四本散文集的全部篇目中。以前的三本散文集只是把自然生态、环境保护内容作为其中的一个单元,而在《与鸟同翔》的五个单元里,基本都是关于自然生态的论题。无论是观光游记,还是品文论艺、生命感悟,都将人与自然关系的思考置于其中,有赞叹,有忧虑,有愤慨,也有希望。如写森林王国芬兰的《在绿色王国中行走》,写山水诗的《自古文心尚自然》,写人生往事的《他在儿时的漂流》等,都是对自然保护行为的推崇和倡导,更有对我国环境保护不尽人意的忧思在其中。

仿佛已经形成了惯性,现在的我,对环境保护问题十分敏感,开口愿意说生态,提笔愿意写自然。在创作中,我获得了快乐:既通过写作深化了自己的认识,也能够向世人做出宣传和呼吁。我为自己能够为环境保护事业做了一些力所能及的努力而高兴,为自己对自然生态产生了一些主观能动性的认识而感到庆幸。我相信,我的这份情结会伴随我的余生,永远不会

仙鹤祝寿（剪纸）　　陕西　贾经龙

改变。

在坚持不懈的写作中，我的写作能力有所提高，先后加入了中国散文学会和中国作家协会等文学组织。文学组织里的熏陶交流又补充给我以营养，我觉得自己日益丰盈起来。而我最初的愿望也得到了大大的满足，一些看到我的《〈松鹤图〉遐思》一文的画家朋友都会为我画一幅《苇鹤图》来。现在的我，可能已是收藏苇鹤图的富有者啦！

这时，我不禁饮水思源。这一切进步都是因为我的那篇散文处女作，它让我从家乡那片芦荡出发，渐行渐远，而且永远不想止步。

因为那片芦荡，有了那篇散文；因为那篇散文，开始了生态文学写作之旅；因为生态文学的写作，从此我的心灵拥有了一片洁净的天地。

与鹤结缘

首先我要介绍一下我发明创造的一个词汇——盘锦仙鹤，所谓盘锦仙鹤，是指凡是于迁徙途中在盘锦湿地经过的、和在盘锦湿地繁殖的，即在盘锦湿地生活过的鹤类。

我觉得我们夫妻与盘锦仙鹤有着一分缘。如果当初我不是为了与爱人团聚、主动要求回大洼县工作，我怎么可能有直接与鹤接触的机会？如果爱人随我到其他地区工作，他也就失去了在盘锦第一个深入芦荡考察确定盘锦仙鹤的机会。再往前追，一个沈阳知青如果不是因为与我恋爱，怎么会在大学毕业时，主动要求到我的家乡来工作，成为新成立的大洼县环保办公室两人中的一个？总之，一切都是缘分在冥冥之中的安排，为我们提供了与鹤的联系。

当初，看到爱人带回来的他穿着水衣水裤、划着皮筏子在芦荡中考察及鹤巢、鹤卵的照片，知道了盘锦芦荡有仙鹤，我是多么地高兴啊！而以往由于鹤的极度机警，人近不得前，最近也要隔两里地远才能观察它们，只能见其大体轮廓，因此，苇场的老百姓都叫它们为"黑屁股鸟"。

我想，我与鹤的情缘就是在看到照片那一刻结下的。我知道，中国自古以来就将鹤寓以吉祥长寿之意。鹤在文学艺术中有极高的审美价值，而且，这种价值被人类肯定得很早。说明鹤在远古时代就已经被崇拜。如春秋时代已有"鹤乘轩"的典故和《诗经》中"鹤鸣九皋，声闻于天"的诗句，而道家则奉其为仙。鹤的寿命有四五十年，是鸟类中较长寿的，但中国的传说中愿意将它的寿命以千计数。也正是从那时起，我开始关注着芦荡中那些精灵，开始收集、积累关于鹤及其鹤生长其中的芦苇的古代诗词。

那以后，形势的发展越来越有利于我与鹤的结缘。建市初，爱人调入市环保局，负责大自然保护工作。同时，市农林局成立了自然保护区。借爱人的工作之便，芦荡中的鹤类有什么消息，我都会比社会上其他人能够早一点知道。

1986年秋天，听说保护区在苇场一农户中托养了儿只丹顶鹤，我便径直前往。农民拣来鹤卵，然后在热炕上孵化出来。我是第一次见到鹤雏，原来它们也像天鹅一样，刚生下来时是丑小鸭。初生的天鹅脖子短短的，花褐色羽毛，与一般的野鸭并没有什么不同。鹤雏是没有丹顶的，丹顶要在一年以后才能生成呢！但是，它们的腿却很长，这与鸭子明显不同。它们并不怕人，这可以用"铭记理论"来解释，动物出生第一眼见到的动物会被它们认为是自己的生身父母，可能它们已经把农户及与农户一类的其他人都当成了自己的妈妈。它们走路的样子很美，慢悠悠的，绅士一样。

接下来的事情就纯属天意。1991年，我爱人调到了自然保护区工作，这使我有了获得有关鹤类的第一手信息的机会。那一年，我的关于鹤与芦苇的万字姊妹篇也终于撰写完毕，一篇名为《鹤意诗情》，一篇名《芦苇诗情》。旨在探讨、集成、揭示鹤、苇的文学美的同时，启迪家乡人对保护鹤等鸟类、保护芦苇荡，珍惜环境的认识。

没想到，在这个主题下的创作激情一发而不可收。1995年，为了纪念出席第四届世界妇女代表大会，我结集出版了第一本散文集《鹤与芦花》。为什么叫这个书名？因为我知道，鹤与苇作为一种文化生物，是博大精深的，虽然我的集子中，一些篇章是写鹤与苇的，但是，并不能探索其真谛之一二，便以一枚鹤羽，一枝芦花来表示管窥一斑。

在写作的同时，我与野鹤也在一步步地接近。第一次到野外观鹤是1992年。保护区建设的管理站建起了一座三层的观鹤亭，每年的惊蛰左右，在南方越冬的盘锦仙鹤便大批返回它们北方的家园——盘锦湿地。在200多种水鸟中，唯有鹤的身形高大，羽毛雪白，容易被看到。登上观鹤亭，你会看到散落在偌大保护区，尤其是烧过荒后的苇塘上的一个个白色的身影，那就是一群群的野鹤。

我不敢独享其美，便邀艺术馆的艺术家们一同前往，希望他们能够通过文学的、艺术的笔触讴歌盘锦仙鹤之美，使其成为盘锦地方文艺的重要内涵。当然，我的良苦用心，在经过几年的积累后，终见成果，小仙鹤少儿艺术团、小仙鹤少儿报应运而生，2001年市里举办春节晚会，特意请词曲名家创作了歌唱仙鹤和芦苇荡的歌曲和芭蕾舞节目，开了以歌舞艺术手段表现仙鹤和芦苇的先河。

但是，叫我时时心痛的是，社会现实中，总有少数人的行为对鹤造成伤害。1997年，有两只丹顶鹤被人用毒水浸泡过的玉米毒死，1998年，在一只丹顶鹤被毒死后，一个过路人见到苇塘中有两只鹤见人不惊，摇摇晃晃，迈不动步，扇不开翅膀。便将它们抱到了保护区管理站，保护区人员立即进行抢救，但是，为时已晚，这两只鹤也被毒死了。它们的标本被摆在管理站的橱窗里。每次看到它们，我的心里仿佛都在流血，在凶残的人类面前，鸟儿们显得是多么的无助，即使神奇无比的丹顶仙鹤也不例外。此外，还有拣卵、捕捉、枪杀等破坏手段，都对鸟类造成了伤害。鸟是人类的朋友，人和鸟只有互为条件、互为依存，生态才能平衡，世界才能完整。

还有天灾。我忘不了那只刚刚出生不久的丹顶鹤雏，它可能还不会飞吧？长长的脖颈一面的皮毛被什么动物撕扯下来，裸露处血肉模糊。它也会感到疼吧？站在保护区管理站鹤舍外面的遮阴处，它战战兢兢的，如水的双眼，充满了苦痛，凄怨地望着你。保护区管理人员为它扎针、上药，以止痛消炎，但是，终究没有留住它那幼小的生命。

如果不是天灾人祸，这些以长寿著称的丹顶鹤正常情况是可以活到四五十年的。

鹤的生境要求很高，一对鹤栖息活动的区域，至少要一平方公里，鹤是生态链中的最高层，有鹤生存的地方，可以证明生态环境不错。但是，鹤的繁殖力很低，一般一年只能繁殖一只，至多两只鹤雏。而目前，全球只存有一千多只的丹顶鹤。这样看来，每一只丹顶鹤都决定着、影响着其种群的命运。

当今世界，到处都处在建设开发的热潮中，大片大片的湿地被破坏，呈破碎化状态。对于易受惊吓、喜欢僻静的鹤来说，它们的前景岌岌可危。我真心地为它们担忧，写下了《悼鹤》一文，文中以"鹤无语，人有情"来表达我的愤怒和哀伤。

因此，宣传鹤，尽快提升对鹤的美学价值、生态价值的欣赏水准，促使保护意识的增强，进而，采取保护行动，加强保护措施，应该是国人的当务之急。

当初，我带去看鹤的摄影家们，爬冰卧雪，顶酷暑、冒严寒，拍摄了大量鹤的照片，我参与了挑选编辑成册工作，并确定主题为"盘锦湿地风光摄影作品"。以鹤为主要题材的那些摄影作品，后去参加全国大展，竟然被会议组织者偷走近半，这从另一面说明了人们是喜爱自然、喜爱动物、喜爱鹤的。

每一年的春天，我都要去野外观鹤。听说日本民间有个说法，每看到一只野鹤，会延寿十年。是啊，谁看到那些仙姿仙态的鸟儿，心情都会自然愉悦起来的。

那一年秋天，陪同全国著名摄影家吕先生去芦荡拍鹤，我也顺便拍下了双鹤在芦荡中等待日出的镜头。照片中呈现的

松鹤延年（剪纸）

意境令我吃惊：淡黄的天空中，一轮耀眼的太阳，从墨绿的芦荡中跃出，一对儿毛羽雪白的丹顶鹤引颈而待。天、鸟、苇合一，这该是自然界最原始的亲和状态吧。

第二年，我在早春去拍鹤。天下着蒙蒙细雨。在芦荡深处，鹤们站在雨中，但不失机警，我仍然不能接近它们。我很卖力，风衣都被淋湿了，但拍回来的照片竟没有几张清晰的，主要是距离太远、光线太暗。我由此深深理解了野鹤生存的不易，风雪雷电，严寒酷暑，沐风栉雨的，还要千里万里的跋涉往返。

一晃几年没去保护区了，我想念那些野鹤朋友。我坚信它们是同一群鹤，必定年年往返，在此路过、停歇。今年，我按捺不住，在它们到达保护区二十多天后的一个周日，下了决心抽空约爱人同行。他却说，时间有些晚了，恐怕看不到了。往年都是在它们刚刚到达的时候去看鹤。那时，大地尚未解冻，鹤找不到食物吃、找不到水喝，才会到管理站人员投食的观鹤亭处来。现在这种开化、解冻的天气，鹤到处都可以找到食物。我说，那就看我与鹤的缘分了。

刚到望鹤亭旁，就看见苇塘中有一些白点点，依我的经验，那应该就是野鹤。我们悄悄地迂回接近它们。在一处横出的土岗前，我们停了下来。爱人说，我不动蹲下，你再往前移动点，能拍得清楚些。我几乎是匍匐前进到一个土包处，一口气拍了一卷。在我换卷的时候，有两只鹤飞走了，是它们警觉了，还是正常的飞动？我顺便拍到了鹤飞翔的照片。看来，是这一对儿想换个地方玩，其他的鹤仍然在低头觅食呢。但是，当这一卷刚刚拍完，鹤们就一声令下，全部飞走了。无疑，它们不是听到了我的声音，就是看到了我的身影。

爱人为了掩护我，一直在后面一动不动。看见鹤飞走了，他兴奋地跳起来，连说太有缘分了。既见到了鹤，又拍到了鹤。一定是我们夫妻二十年来对鹤的爱护之情感动了上苍，这是对我们的最好回报。他喋喋不休地说。我则认为是一种缘分，如果不是缘分，在这个时段、离我们这么近的地方，怎么会有鹤出现呢？

回到家，虽然胳膊、腿都酸疼，但心里却无比快乐，竟然久久难眠。我在想，鹤为什么那么机警？是天性使之然，还是后天被人类和天敌吓的呢？我觉得有天性的原因，鹤个体大，羽毛白，易暴露。如果不机警，任人捕捉，不早就灭绝了吗？但是，也有人为的原因，你再看那些被人工驯养的鹤，它们温顺无比，与野生的鹤判若两样。这说明鹤原本不是桀骜不驯、胆小异常的，只是所处的环境不同它们的反应才不同。

年年岁岁，盘锦仙鹤都会如期飞来飞去，因为这里是它们的家乡故园。如果盘锦湿地这片天地不改变模样，它们就不会违背与我们这些老朋友的约定，就不会离散我们之间的那份缘分。当然，这取决于我们人类，是做动物的朋友，还是做它们的敌人？应该相信，绝大多数的鹤乡人有自己的正确选择，那就是让湿地的精灵——盘锦仙鹤永驻这里，让鹤乡的美名远扬。

告别苇乡

　　我深爱着芦苇。家乡的那片芦苇荡是我常去的地方。春天，我去看芦芽，芦芽红里透粉、紫中藏青；夏天，我去看芦叶，芦叶翡流翠滴、碧闪玉辉；秋天，我去看芦花，芦花如雪似雾、像绢类纱；冬天，我去看芦秆，芦秆孤处独立、坚身挺

祥鹤送福（剪纸）　　河北　　任玉德

体。芦苇给予我的永远是心旷神怡的道道风景。

然而，2002年深冬的这次芦荡之行，却是一次告别之行，因为，我调离了这块我生活了近50年，工作了30多年的土地。

正是一场风雪过后，踏着没鞋的积雪，让陪我去的爱人停留在附近的保护区管理站，我独自走进了芦荡。凉风习习，但不刺面；苇茬丛丛，但不扎脚。淡蓝色的天空里没有飞鸟，雪白的大地上没有跑兔。偌大的苇塘静得出奇，难道是怕触动了我敏感的神经？我小心翼翼地走着，也唯恐踏碎了这片宁静。

总是这样，冬天收割后的芦荡最显平坦广阔，芦苇的残枝败叶一色的枯黄，无边无际。但我了解每一代芦苇的生命历程。我懂得，肃杀的严冬时节却是这些枝叶所代表的这茬芦苇们最为自豪的时刻，因为，它们豪无遗憾地完成了又一次种群生命的轮回：在出色地展示了这一茬芦苇的壮丽之后，将亘古到今绵延了数亿年的生命的信息成功地回传到了地下的芦根里，待等明年春寒料峭时，传承着这代芦苇的新生命就会破土而出。我知道，这片世界上数一数二的芦荡为人类所作出的贡献也可以说是数一数二的：营造一方绿洲，涵养一方旱涝，清新一方空气，庇护一方生灵，繁荣一方经济……如今，芦荡看起来寂寂寥寥，但它因为这代芦苇用成长的历程、以生命的代价所做的努力，也曾喧嚣过，繁荣过，美丽过，辉煌过。

我不停地行走着，思索着，感动着。突然，我发现了一个被风雪摧乱了的鹤巢，那是一片比双人床还要大的、用上几代芦秆芦叶搭堆起来、与这一代芦苇的枝叶融合在一起的、鹤用来孵化的窝。这是一处合适的选择，在芦荡的纵深处，四周离道路都比较远。鹤的繁殖一定是成功了的。在芦荡的庇护下，鹤雏们与舒展着翠绿枝叶的芦苇一起成长，它们在芦荡里穿梭练走、练飞、练捕食，日益增长着本领。但是在初冬的某一天，它们度过了四五十年生命历程的最初阶段，带着幼鸟特有的褐色花羽，随着自己家庭的父母飞走了。而对于已经进入生命尾声的这代芦苇，我了解它们每一棵的性格：孤寂着但并不迷茫，衰落了却仍然顽强。我能够理解它们那时候的眷恋而平和的心情：它们绝不会留出一点时间来为自己"一岁一枯荣"的身世悲哀，而必会像一个送自己儿女远行的母亲那样，争分夺秒地去遥望，而且是翘首遥望了很久很久。我能够想象得出它们那时候的样子：所有的芦苇都会一顺顺地将那凋零的花穗向着南方鸟儿们飞走的方向；那朵朵芦花，像极了一个个满头银色衰发飘摇的慈母的头颅。

我的腿一软，不禁顺势坐在了鹤巢边上，我捡起一根芦苇，不知它是哪一代的，也不知道它在多少场风雨中参与孕育庇护了多少代的鹤雏？它依然坚硬着，象征和代表着所有芦苇无私和奉献的筋骨。我遍抚了身边的芦秆和芦叶，向它们所代表的历代芦苇致以崇高的敬意。虽然，它们只是那些芦苇残余的一小部分，但它们是时空的见证，它们是那些粉身碎骨化作白色纸浆和熊熊火焰的芦苇的代表，是那些被编结成苇帘苇席为人类遮风避雨的芦苇的代表。它们虽然被冷落遗忘在荒郊野外，但它们是那些化作其他物质的芦苇的根脉，肩负着使种群繁衍生息的神圣使命。

这时，一只大鸟儿飞临我的头顶。我想，这鸟儿绝对不会是鹤，因为在北方这地冻水冻无食无物的寒冬，鹤是无法生存的。那么，会是鹰类吧？如果是，那也是一只无奈的鹰。因为，春夏秋冬，只要有芦苇在这片土地上生长，鹰类猛禽对芦苇荡中的几百种鸟儿是无可奈何的，芦苇是那些鸟们最好的保护神。现在到芦荡中来，再凶猛的鸟也捕捉不到可食的动物。芦苇与芦荡生物似乎有约定，在它们被收割之前的某一天鸟兽动物们一起散尽。我站起身来，向那只鸟儿抬抬手，意在告诉它，飞吧，不要再以芦荡对立的面目在这里盘旋。

起风了，我迎凛冽的西风而立。没有了光芒的日头像一个火球急速地下坠，仿佛急着要与苇塘拥抱似的。我知道，自然界有着它们亘古不变的亲和方式。芦荡的夜晚就要来临了。我也得与苇塘及芦苇们告别了。我毅然掉转头，目不斜视地往回走。芦荡默默，我也默默。但泪水却涌出了我的眼眶。是风吹的，还是从心中溢出的？也许二者兼有吧！

悼　鹤

我忘不了那几只命运悲惨的鹤，我常常哀悼它们。

一只是保护区管理人员从野外救回来的小鹤。暑假里的一个周日，我带着孩子去保护区观鹤，一眼就看到那只站在鹤舍阴凉处的幼鹤。它个子不大，很羸弱，看样子出生也不到一个月。它的伤真够重的，长长的脖颈有半面皮毛被从上到下地撕开了下来，正像一根树枝的外皮被从上到下扒下来一样。它闭着眼，低着头，身体在微微颤抖，不停地发出一种喑哑的低吟。工作人员正在计算药量，准备为它注射人体用的消炎药。我蹲下来，轻轻抚摸它那紧紧贴在身上的花褐色羽毛，它竟慢慢睁开眼，定定地看着我，那如水的眼光里充满了伤痛与无助，仿佛在向我求救。我问工作人员，有没有把握治好？他们说，药量不太好掌握，只能从少到多，一点点试着来。我求他们，费费心，一定要把它治好。

回家后，我有些寝食不安，幼鹤那凄婉的目光、颤抖的身影一直在我的脑海里萦绕。我惦记着那只小鹤的命运。但一周后，坏消息还是传来，抢救没有成功，小鹤死了。很有可能，这只小鹤是受了天敌的伤害，是黄鼠狼、野猫，还是其他别的什么动物。总之，那么一条幼小的生命是不堪一击的。

另一只是保护区管理站驯养的蓑羽鹤，也叫闺秀鹤。它个体小，只有一尺多高，两尺来长。它通体深灰，只有头顶上有一撮白色的纤纤细羽，如同披着蓑衣。它和驯养员小景关系密切，总与小景形影不离。小景待它则如同自己的孩子：小景吃饭，它站在桌旁；小景睡觉，它站在炕下；小景送客，它跑在前面。它不怕生，每有客来，都会唱歌、跳舞、鸣叫，以示欢迎。小景给她起了个名字叫"对儿"，是盼着它能早日有个伴儿。可是，当真的有伴儿了，它们却和不来。那是一只从赤峰救护过来的雄性蓑羽鹤。把它们放在一起，就互相牵叨、打斗不止。看来，动物也是有情趣的，也有个相互喜欢不喜欢的问题。

这样一只人见人爱的蓑羽鹤，在保护区快活地生活了八九年。可是，今年春天的一个深夜，已住进了舒适、清洁的新鹤舍的"对儿"，在一场惊飞中，把头撞到了铁丝网上。可能是力量过大，头破血流，当即就死了。定是有什么动物惊扰了它，否则，怎么会拼命地乱飞呢？又是天敌的侵害，虽然这是很少发生的，但这次却害死了"对儿"。听到这个消息，我十分后悔没给"对儿"留几张照片，总以为与人相伴，它会相安无事的；且鹤的寿命长达四五十年，以后定会有很多为它拍照的机会。

值得欣慰的是，保护区把它制成了标本。每次到保护区的标本展室，面对那个羽毛干枯无光、没有了一丝活力的"对儿"，我都要联想起那只死去的幼鹤，心中总要生出一番伤感来。

立鹤图纹

　　这是两只被天敌伤害的鹤。从某种角度说，天敌是防不胜
防的，因为弱肉强食是自然界的一条规律。但更为可怕的却是
"人敌"，即人类对野生动物的伤害。在盘锦真有一些人干了
焚琴煮鹤这样伤风败俗的勾当。十多年前，保护区工作人员经
常能在芦荡中发现一些丹顶鹤的空巢，不知是遭受了天敌，还
是遭受了人类的破坏。看来，遭受人类破坏的可能性较大，因
为鹤卵个体较大较重，一般动物无法搬动，且从那些鹤巢边的
脚印可以判断出是有人出没于鹤巢旁，盗走了鹤卵。也不知有
多少丹顶鹤的生命被人类扼杀在萌芽之中了。为了自己的一顿
美餐，竟扼杀了一条珍稀动物的生命，乃至影响了一种动物种
群的延续，人类是何等的自私和凶残呢？保护区从此便在丹顶
鹤的栖息地建立了工作站，在丹顶鹤孵化期派人严密看守。这

样，倒相安无事了许多年。

但败类总是有的，今年春天，有人发明了害鹤的新法，即在野鹤初归的活动地域撒上有毒的玉米，将丹顶鹤毒杀，然后捡走。鹤是毫无防备的，因为保护区连年在此区域为早归的鹤播撒玉米进行接济。它们吃过有毒的玉米，便头重脚轻起来，昏迷倒地，默默

鹤（画像石） 汉

地死去。事情是这样被披露的：一天，一个苇场的技术人员慌慌张张地跑进保护区管理站，说她在田野里看见有三只丹顶鹤摇摇摆摆地行走，见人也不避飞，是不是有了伤病。管理人员跑去一看，一只大鹤已经死亡，另一只大鹤和一只小鹤已奄奄一息。一查看，地面上还有已经发绿了的玉米。回来一化验，竟是用农药浸泡过的。那两只鹤也没有抢救过来，在标本室，我见到了那个家庭的三只鹤，它们都高昂着不屈的头颅，仿佛在问：对我们这样温顺的动物下如此毒手是为什么，这样对你们人类有什么好处？

人类对生存环境的影响和破坏，除了猎捕和毒杀之外，

还有生境恶化等原因。野生动物生存的空间在逐渐减少，农业上开发苇塘作稻田，工业上在芦荡里钻井取油。这些，都影响野生动物生境三大要素的变化。首先是食物，其次是水，再其次是隐蔽。鹤是大型涉禽，需要较大的活动空间。同时，空间大，食物也多，也便于隐藏、孵化、繁殖。而水对于鹤这些水禽来说尤为重要；不仅所需的小鱼小虾等食物在水中，而且水是鹤类生理代谢的需要。可现在，稻田含有农药的下水和苇塘灌溉的沟渠相连通，油井的渗油也严重污染着苇塘水。芦荡的水质大大下降了，鹤类的生存受到严重威胁。

鹤本是长寿的动物，但令人忧虑的是，在天灾人祸频仍的生境下，当今世界上还有多少鲜活的鹤呢？这种世界性濒危动物的种群还能存在多久呢？盘锦是丹顶鹤在北方最大的一块繁殖停歇地。可以想象，当稻田、油田的面积最大限度地发展，丹顶鹤失去了最后的一块生存空间时，它们的末日也就到来。鹤们也就无处可去，辽东湾这块濒海之地，便不再有鹤的飞来飞去，鹤乡之名也就不复存在。也许有人会说，我们不是已经能够人工孵化丹顶鹤了吗？是的。但是，鹤乡是指野鹤生存之地，岂是用驯养在笼子里的人工孵化的几只鹤所能替代的？

如果是那样，我们盘锦人岂不辜负了造物主给我们世界上最大芦苇荡的恩赐？避免鹤这些生灵再遭涂炭是我们义不容辞的责任。况且，连鹤都不适宜生存的地方，人类还能生活得下去吗？我们必须不懈努力，绝不能让那一天到来。盘锦人哪，让我们用每一个人的努力，使鹤乡的美名延续到永远吧！

悼念那些可怜的鹤，使我心灵震颤，浮想联翩。

鹤无语，人有情。让我们都来替鹤呐喊。

盘锦多风

　　提起盘锦，最有特色的就是风啦，盘锦的风，早已远近闻名。当年在广阔天地里劳动锻炼的知识青年们中，曾广泛流传着一句带有戏谑性的话，叫做"盘锦一年只刮两次风，一次六个月"。

　　盘锦的风四季各有不同，以春风最具特色。春季风的特点是"大"且"长"。当大地融化了第一滴雪水，盘锦的春风之神就苏醒了，伸伸腿，抻抻腰，再打个哈欠，就开始行动了。盘锦春风之大，我不知道该用什么词语来形容才恰当，就多用几个比喻吧。盘锦春风一如脱缰的野马，信马由缰，无遮无拦，奔腾咆哮，任意驰骋；盘锦春风二如一位关东大汉，用积攒了一冬的热情和力量，突然推开了积雪拥塞的柴扉，跨过了冬天幽闭的门槛儿，先是疾走，后是狂奔，无法自己，其形其状正像那追赶太阳的夸父；盘锦春风三如一支天生地造的交响乐，轰鸣得十分动听，其细者吱吱如丝弦，其粗者呜呜如管簧；盘锦春风四如画师，挥动如椽的画笔，以黄土黄沙为颜料，肆意地勾勒涂抹，竟将天空在顷刻间渲染成一色的昏黄。

　　春风是号角。在撼天动地的盘锦大风里，农人脚踏残雪开

飞鹤图纹

始了劳作。他们最懂得风所传递的每一缕信息。不失时机地抢
抓农时，翻起一锹锹春泥黑土，修好一个个育种的苗床，将一
颗颗希望的种子播下。春风是催生婆。她拍打田野，让小草破
土；她抚摸柳枝，使柳芽儿绽绿；她召唤冬眠的蛙蛇，叫它们
出来呼吸新鲜空气。

　　盘锦春风日复一日地刮着，不肯停歇，从孟春一直刮到仲
春。盘锦春风就是这样在盘锦大地上浩荡而行，一路凯歌。我
喜欢盘锦大风刮起来的情景。那大风有声有色却无法无天。每
当那时，我都会跑到旷野里，去接受大风的洗礼。我愿意迎风
而立，倾听春的风信絮语，让风去梳理我的每一根头发，吹去
我身上的每一粒灰尘，吹走我心中的每一个烦恼。每一次，我
都如同涅槃的凤凰一样，从风中接收到新的生命信息。

　　我为盘锦有这样的大风而自豪。盘锦的大风别具一格，
孑然独立，是缘于这片土地的神奇。它生于斯，长于斯，爱于
斯。在这片天地间眷恋地刮来刮去，不知疲倦。盘锦大风就是
盘锦这块土地上生成的风，与其他地域的风不同，它与战国时
期的宋玉和庄子对风的成因的最初阐释也不同。大辞赋家宋玉

在《风赋》中提出"空穴来风"，认为风有赖于垄起的地形。大哲学家庄周在《齐物论》中也认为风之声是从孔穴中发出的，即所谓的"籁"，而坦荡无垠的退海平原，绵长几百里的海岸线，波涛汹涌的大海，使盘锦的风无穴可入，无法"盛怒于土囊之口，缘泰山之阿"，极低的海拔，高度的盐碱，使树木无法生长于此，因此，风也就不能"舞于松柏之下"，也就没有"天籁"和"地籁"可以轰鸣奏响。

造物主偏爱我的家乡，赐予它独特的地理，使盘锦既有海风，又有陆风，还有二者混合而成的海陆风，那是一种因海洋和陆地受热不均匀而在海岸形成的一种有日变化的风系。白天，风从海上吹向陆地，夜晚，风从陆地吹向海洋。海陆的温差，白天大于夜晚，所以，海风比陆风强。海风刮起从每天上午开始直到傍晚，风力以下午为最强。空气在气压的作用下，这样流来流去就形成了海陆风。盘锦的海风和陆风就是这样互相碰撞着，追逐着，嬉笑着，打闹着。但也时有疲倦，南风刮到鸡叫，北风刮到日落。

盘锦的小气候，再加上季风的大气候，就形成了盘锦一年的四季风情，而以春季风大为最。夏季是生长的季节，因为夏季海陆的温差不大，又因为夏季的盘锦就是座被水包围的城市，海水、河水、湿地芦荡，水稻田畴等处处含水，处处生水。因此，盘锦的夏风是湿润和煦的，并不燥热难当。她温柔体贴得如同一个江南的佳丽：吹干刚刚洗完野浴的孩子们身上的水珠；为鹤妈妈送去舒服的温度，以保证鹤雏的适时破壳而出。夏风吹拂出盘锦大地的一片繁荣：芦苇沐浴着她的温暖快速地生长，生长时连拔节的声音都可以听得见；稻苗享受着她

白鹤　元

的抚慰，分蘖劈杈，生机勃勃，欣欣向荣，日新月异。

　　盘锦的秋风一扫柔情，干烈清爽。它有使命，要伴着秋老虎帮助熏陶万物成熟。秋风如同一个点石成金的魔术师，纵横捭阖着万物，变幻着它们的色彩。用唐代诗人岑参的"忽如一夜春风来，千树万树梨花开"诗句来形容秋风的作用，一点也不为过。昨天还翠绿如碧的稻苗一下子就变为金黄，昨天还金黄的芦花一下子就变得雪白。

　　盘锦的北风吹起来了。风不大，但至少有几天要达到凛冽。因为，河流要靠此封冻，农路要靠此坚硬，芦荡湿地要靠此结冰。农民要从稻田里拉走丰收的成果，割苇人要进入苇塘深处收割芦苇。盘锦的北风像一个善解人意的长者，营造出好风亲送鸥飞鹤翔上青云，又使尽浑身解数保持一个热冷适宜的温度，以伴随农人运稻，割苇人割苇。坚守到十月、冬月、腊月一一逝去，直到目送最后一个割苇人返乡，北风这个海风和陆风在冬季的化身，仍执著地守望在濒海的这片天地，他在其间逡巡着，踟躇着，又如同一位忠诚的卫士。

我在这时来到旷野深处，访问盘锦四季风的最后一位使者。北风习习，但不刺面，如同"吹面不寒杨柳风"，大概是盘锦之风对我的欢迎吧！走到一处矮矮的水坝旁，我蹲下身来，拨开足有半尺厚的苇草，惊奇地发现已有嫩绿的草芽伸出了头。是啊，冬天就要过去了，春天还会远吗？我喃喃地对北风说，你的任务完成得很好，让我们共同去迎接春风之神的到来吧，让浩荡的盘锦春风来为这片神奇的土地进行一年一度的洗礼吧！

第五章　心中之鹤

雨中探鹤

　　一提起鹤，人们想到的就是它们的美丽高雅，但很少有人想到，在人们的目光难以企及之处和人们无法接近它们之时，它们还好吗？它们生存得怎么样？

　　鹤是"湿地之神"，除了迁徙在途中，它们就生活在南方或者北方的湿地里。湿地，顾名思义，是含水的草滩旷野、海岸滩涂。丹顶鹤在辽宁的栖息地就是我家乡的这片芦苇荡沼泽湿地。

丹顶鹤　清

严格意义上讲，每年这片土地称得上芦苇荡的时间只有七八个月，因为芦苇收割后至第二年新的芦苇长高之前的三四个月这里应该叫做苇塘，几乎没有任何植物的苇塘地平坦无垠，一眼可以望到天边。

那一年，野鹤回归苇塘已经好多天了，我还没有来得及去探望那些老朋友。我知道，如果再不抓紧时间去，它们中的大多数就要飞往更远的北方繁殖地去了。

那天，偶得闲暇，但天阴欲雨，冷风习习。最后，我决定还是去看鹤。

走在路上，雨下了起来。稀稀落落的雨点打在车窗玻璃上，绽开了一朵朵水晶花；风也刮起来，从车窗的缝隙中送进"吱吱"的声响。司机问，还去吗？我坚定地说，去。因为前不久，保护区在苇塘里修了一条柏油路，蜿蜒着可以深入其间。

雨愈发地大了，成流的雨水迷漫了车窗。我们睁大了眼睛张望。晴天时，可以见到鹤的地段里这次都见不到鹤的踪影。难道它们也懂得躲避风雨？但是，这芦苇收割后没有遮蔽物的苇塘，哪里有遮风避雨的地方？一年四季它们又会遇上多少次这样的风狂雨骤？为了躲避北方的冰雪严寒，它们还得进行一年两次的南北大迁徙。你以为它们翱翔九天，是俯瞰游览的自在事，实际上，那是对自然界气候的一种适应性逃避。由于工业的污染，农业的开发，鹤的生存空间会愈加逼仄，也愈加不安全起来。

雨中的苇塘，天地间充满了水汽，如云似雾。

我们继续前行，进入苇塘的纵深处，才发现在一棵小树

鹤衔鱼（石刻） 汉

下，有十几只鹤跽缩在一起。难道它们真的懂得寻找荫庇，但是，那样一棵一米来高尚未发芽长叶的小树能解决什么问题呢？也许这是一个集合地点的参照物。说来也神奇，在这样靠近海岸线的盐碱地里，怎么会有树木生长呢？但也许多亏有了这棵小树，才使得丹顶鹤有了集结之处。

知道鹤的胆子小，我们轻轻地下车。司机撑起雨伞，我举起相机拍照。老天不肯配合，天愈发地阴暗，雨愈发地大起来；相机也不肯配合，取景框里的画面模糊不清，怎么按快门它也不聚焦。

我下了柏油路，皮鞋一下子就陷进泥里。我拔出脚来继续向前。也许是风声雨声影响了鹤的听觉，也许它们都被雨水冲刷得睁不开眼没有看到我们，也许这样的天气根本就没有过人类的造访，它们彻底地放松了警觉的神经？否则，即使是夜间休息，它们也会轮流值班放哨，连夜露的滴答声都会引起它们的警觉。风雨中，我们得以最大限度地接近了它们。这是我距离丹顶鹤群最近的一次。我暗自高兴，用手动强迫相机曝光。

我没有再向前靠近。任凭风吹雨打，鹤们的姿势没有变动。虽然它们始终没有发现我，但是我突然觉得自己的雨中造访是一种罪过。如今的湿地，整天人来车往，逢到一个雨天，岂不是鹤们难得的清静时刻？想到这，我害怕起来，真怕惊扰了它们。如果被发现连雨天还会有人类来侵扰，它们的心里就会失去最后一道安全防线。

我悄声跟司机说，咱们赶快走！

逃也似的我们开起车子走远。我不禁频频回首，见鹤们仍然在沐风栉雨。那棵小树和它庇护着的鹤群，构成了一幅仙气缭绕、洋溢着生命气息的神秘而美妙的画图。

芦荡寻梦

早就听说那条海沟了，是因为它那个十分美丽的名字，由此分外向往那里的风景。

终于有了机会，去寻找它。

正是芦花泛浪的时节，在接近大芦荡时，没有了道路。用双手拨开高高的芦苇的屏障，踏着坎坷而松软的土路，我们几人像船儿在海中劈风斩浪，又像鸟儿在海面飞掠而过。

层层苇叶上的露水，打湿了裤脚。艰难地行进了许久，眼前豁然开朗。一条沟，潮落后的海沟，不长，也不宽，水不清，也不浑浊。沟中很少芦苇，沟岸的碱土地光光平平的，定是经年历月风雨洗刷的结果。

我对陪同者说，你们在两个小时以后来接我。

我在沟畔坐下，端详这条沟的风景。沟上沟下，除了少许几处耐盐碱的芦苇和翅碱蓬草，没有第三种植物。脚下沟坡有若干个鸡蛋大小的洞洞，一种学名螃蜞我们当地人叫"烧夹子"的小螃蟹悄悄地爬进爬出。它们进退自由，无视我的存在。难道这里已经成为横行的螃蟹的天地了吗？

但这里是静谧的，是自然而然的。我心中升腾起一阵喜悦，在这样一种原生态的地貌里，我要寻找的那种美丽的鸟仍旧栖息在这里的可能性就要大一些。

但是，过去了半个小时，这里没有鸟的飞过。

为什么很久很久以前它们选择了这里？是因为这里人迹罕至，天然自在，可以获得天堂般的享受；还是因为这里水源充沛，淡水可以饮食，海水里可以扑食鱼虾；还是这里地域偏僻、植被茂密，便于隐蔽育雏？我无从认定缘由。

秋高气爽，阳光和煦。有些困倦的我侧身躺下、假寐小憩。土地已经温热，还有些潮湿。这正是大地母亲宽广的胸膛啊！她容纳众生万物，平等而公正。

突然，我听到了"啾啾"的鸟鸣。我不敢动作，不敢出声响，我瞥见一只大苇莺经我的头顶向对岸飞掠而去。看来，刚才我的坐姿目标太大，才没有鸟敢于飞临。我愈发地小心起来，屏住呼吸，不敢动弹，连眼睛都不敢睁大。只过了一小会儿，又听到扑棱棱的声响，一看，原来是一只大野鸭带着三只小野鸭从对面的岸上向水里爬下去。一接触到水面，大鸭子张开双翅欢快地扑水，小鸭子们也把短短的翅膀伸开抖抖。然后就争相往大鸭子的身上爬，大鸭子则将它的尾部下沉到水里去，任其攀爬。一只刚刚爬上，另两只从两侧挤上，便把它挤下去。最后，一只鸭子刚刚站稳，大鸭子就浮起它那如船的甲板一样的身体。另两只只好放弃，望"船"兴叹。它们游在大鸭的两侧，像两艘尽职尽责的护卫舰。它们肯定经常到这里来做这样的游戏。有游戏规则，个个驾轻就熟。

看着这享受天伦之乐的一家，我开心地笑了。它们那里优哉游哉地玩着，我这厢压在下面的胳膊腿却开始麻木起来。但

六鹤朝日

这个时候的我，哪里敢乱说乱动？

这时，我预感与野鸭同一科属的，为这条海沟命名的"鸳鸯"就要出现了。

"鸳鸯沟"也许本来就是鸭科动物们共同拥有的呢？因为雌性鸳鸯没有彩色毛羽，形象与野鸭无异。野鸭已经出现了，那么，鸳鸯也许会紧随其后呢。我的脑海中闪现出了那种被古人赋予了美好爱情寓意的美丽雄性鸳鸯的影子，小时候在年画里见过羽毛色彩斑斓的鸳鸯就无比喜欢。

鸭子们悄无声息，我当然也能不出声息。

天地间的鸳鸯沟一片宁静。

突然，一只贼鸥俯冲下来，惊散了野鸭一家。我很为那落在后面的小鸭子着急，但它逃生的本领却很大。只见它扭扭摆摆地爬到了沟岸上，追随它的亲人们隐人了芦丛里。那只海鸥则趁乱叼起一条小鱼飞走了。

我长出了一口气，坐起身子，舒展几下胳膊腿。忙又侧身躺下，继续追寻我的梦想。

我在想，自然界的生物对自然资源使用是否有约定俗成的规则：大苇莺像个哨兵最早出场，然后是野鸭，然后是海鸥，然后就应该是我十分期盼的鸳鸯了吧？我决定在自己设下的反问句式中继续等待下去。

太阳已经升到了头顶，照得水面白晃晃的，好像水也清亮了许多。

不知过了多久，再没有鸟的飞临。难道它们发现了我，而后奔走相告，鸳鸯沟那里有异类，暂时别去。

我索性坐了起来，见沟畔已没有了横行的小蟹，它们是去洞里午睡了吧？看看表，原来我在这里"卧底"已经两个半小时啦。我站起来，看见不远处接我的人们正在向我招手。

坐到车上，我对他们说就要等到鸳鸯了。年过半百的向导说，我长这么大在这片苇塘中还没见到过你说的鸳鸯呢。

我默然以对。不禁对鸳鸯心生埋怨：既然你们选定了这个地方，就应该如同你们对待爱情那样目标恒定，永不离弃。连至尊至贵的丹顶鹤都能够将此地作为长久的栖息地，为什么你们做不到，却让这条沟徒有虚名，只留下这动听的名字让人类去遐想？当然，作为人类的我也应该进行一下反思：这里的环境有了哪些人为性的改变，使得那些美丽的鸟们不得已而离去，且再不肯归来？！